図解

眠れなくなるほど面白い 地学の話

日本大学文理学部教授
高橋正樹
Masaki Takahashi
東京大学名誉教授
栗田 敬
Kei Kurita
日本大学文理学部教授
鵜川元雄
Motoo Ukawa
日本大学文理学部教授
加藤央之
Hisashi Kato
東京大学大学院総合文化研究科教授
磯崎行雄
Yukio Isozaki

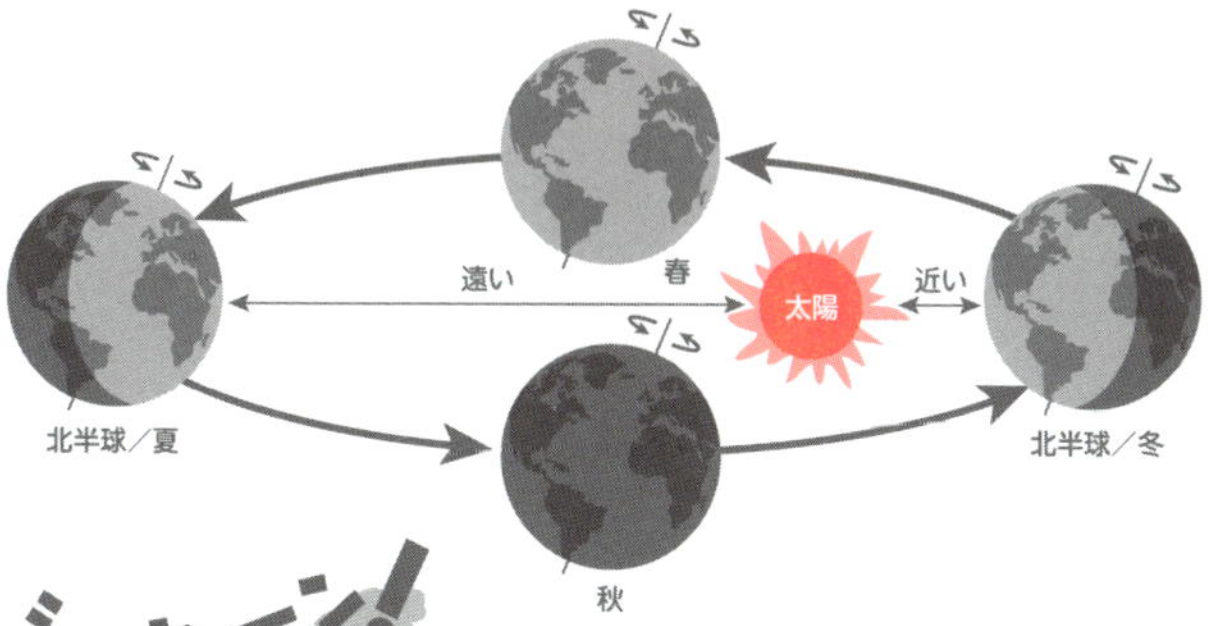

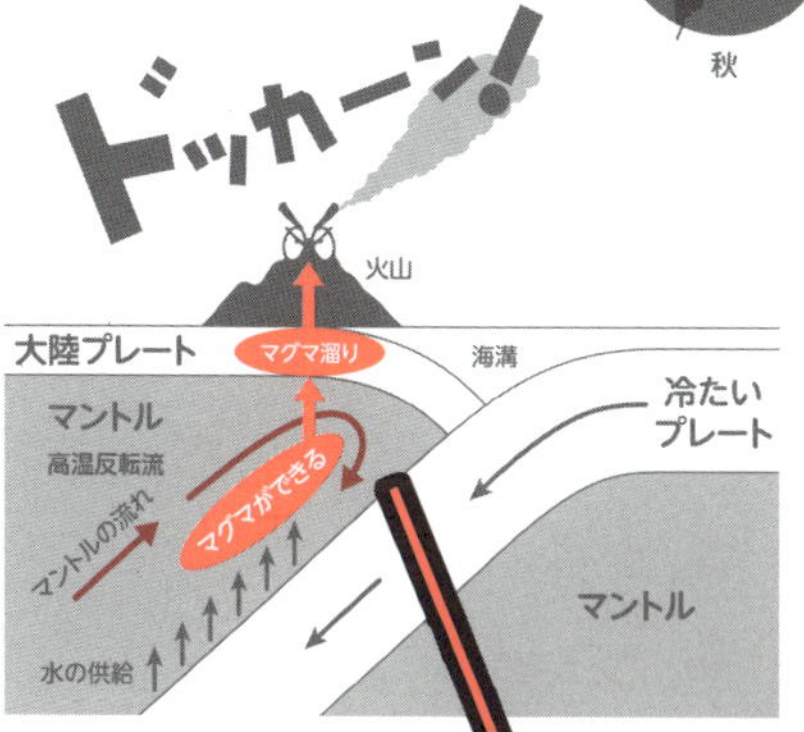

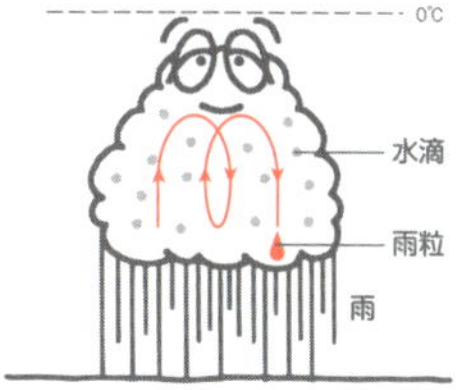

日本文芸社

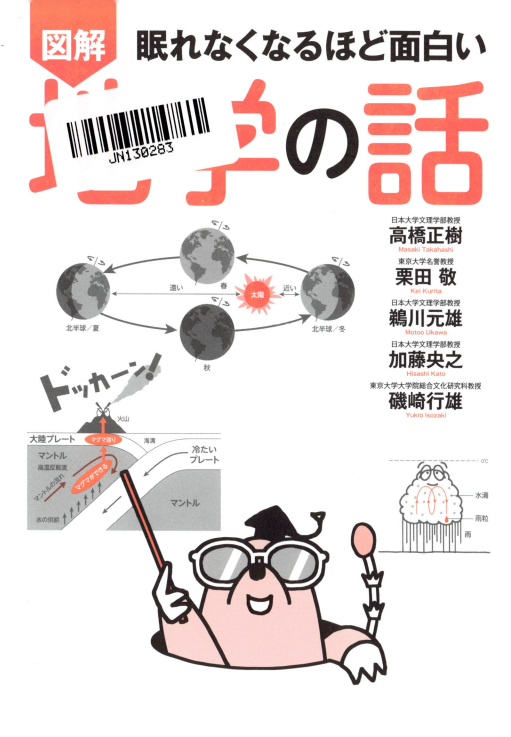

はじめに

６４００㎞とは何の距離かわかりますか？　東京と宇都宮の間の距離が約１００㎞ほどですから、その64倍ということになります。また、本州の長さは測り方にもよりますが、約１３００㎞ほどですから、その約5倍です。決して短い距離ではありませんが、かなりの長さというわけでもないですね。

実は、これは地球の半径の長さなのです。「えっ、地球ってそんなに小さいの！」とびっくりする人もいるかもしれません。そうなのです、地球は本当に小さい惑星なのです。

46億年。一年の46億倍。これはまた、気の遠くなるような時間の長さですが、これは地球の年齢。宇宙の年齢は１３８億年といわれていますので、それにくらべれば若いとはいえますが、それでも膨大な時間です。

長く生きている小さな惑星、それが私たちの地球です。

この地球、元気を失った死んだ惑星ではありません。絶えず地震が起きて大地は揺れ動き、時々は火山が爆発して灼熱したマグマが噴き出します。台風に襲われれば、猛烈な風と激しい豪雨に見舞われますし、大地は、私たちの生活に必要な石油や石炭などのエネルギー資源、あるいはさまざまな金属資源を育んでいます。

こうした現象は、みな地球内部のエネルギーや太陽からのエネルギーによってもたらされたものです。地球はエネルギーに満ち満ちた、まさに生きている惑星なのです。

地球の大部分は固体地球からなります。その周りには、流体地球があります。流体地球は水圏と大気圏からなります。水は地球を特徴づける物質で、地球は水惑星とも呼ばれています。

大気圏のうち、気象現象が起きる対流圏と呼ばれる大気の濃い場所の厚さは、わずか10㎞ほどです。地球の半径とくらべても、本当に薄い皮のようなものです。でも、私たちは、この固体地球の表面と大気圏に挟まれた、本当にわずかな空間でしか生きられないのです。

あなたは、地球の半径がわずか６４００㎞であることを知っていましたか？　あなたが、この暗黒の広大な宇宙空間に浮かんだ小さな惑星「宇宙船地球号」の乗組員である以上、あなたは地球について何も知らないではすまされません。

中学や高校で地学を学んだ方もいるかもしれません。地学は、こうした地球についてさまざまなことを教えてくれます。ですが、地学の分野はきわめて多岐にわたり、そのすべてについて詳しく知ることは、不可能ではないかもしれませんが、大変に難しいことです。本書は、地学の種々の分野を体系的に知るための教科書ではありません。49の面白そうなトピックを選び、図解をまじえて、なるべく物語風に語ったものです。

本書の構成は、パート1「地球物理学」、パート2「火山学」、パート3「気象学」、パート4「地質学」からなっています。各章の名称は、あえて平凡な分野名にしてあります。また、地学のすべての分野を網羅しているわけではありません。

本書の内容はやさしく書かれてはいますが、執筆者は、みなさんその方面の第一線で活躍する研究者の方々です。5人もの研究者がかかわって、この小さな本ができあがりました。中身はコンパクトに詰まっています。

この本を読んで地学という学問に興味を抱いたら、ぜひその興味を持った分野を深く学習してみてください。本書はいわば地学への扉です。扉を開けて、地学というすばらしい世界に分け入ってみてください。

最後に、本書を企画された日本文芸社書籍編集部の坂 将志さん、情熱を持って本書の編集に携わっていただいた米田正基さん、すばらしい図版やデザインを担当していただいた室井明浩さんに感謝します。

2019年3月

執筆者代表 高橋正樹

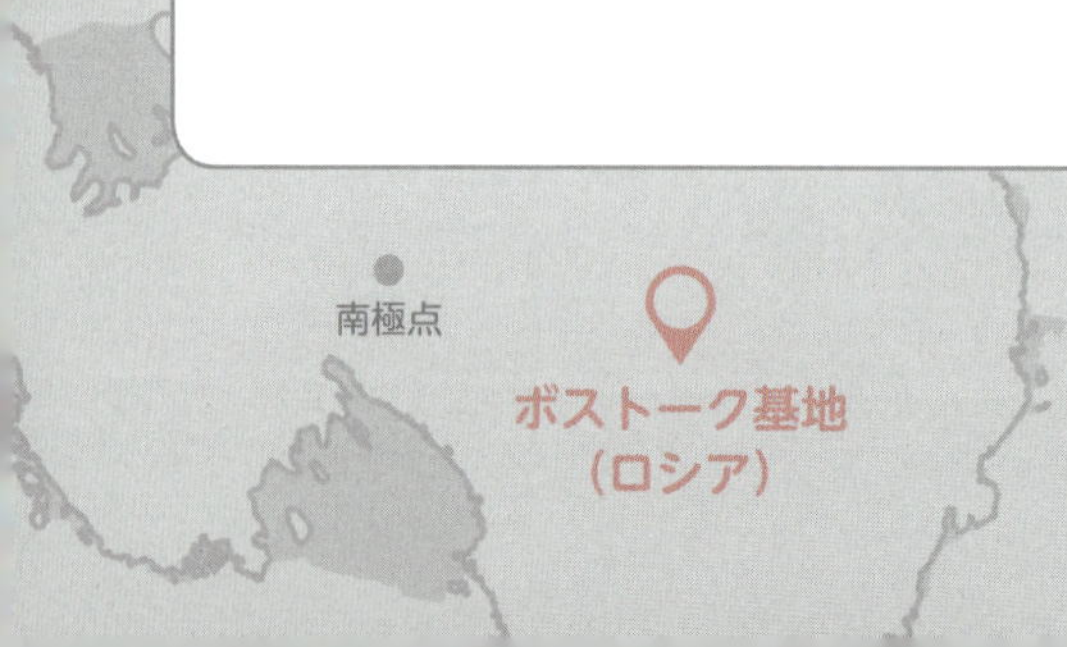

眠れなくなるほど面白い 図解 地学の話

もくじ

はじめに……2

PART1 地球物理学

01 地球はどのようにして誕生したのか？……10
多様な隕石の2段階による合体でできた地球

02 太陽をまわる惑星はなぜ楕円軌道なのか？……12
惑星の楕円軌道の発見は科学革命となった

03 地球の地軸が動くとどうなるのか？……14
自転軸が傾いたために季節が生まれた

04 磁場の起源とその逆転はあったのか？……16
磁場は移動し、北極と南極が逆転する地球

05 地球の自転はいつの日か停止するのか？……18
地球の自転速度は遅くなり、月はだんだん遠くなる

06 太陽の寿命、残りはどれほどあるのか？……20
太陽は中規模サイズの星、大質量の星ほど短命だ

07 マントルはなぜ対流しているのか？……22
マントルは熱膨張で上昇し、熱放射で沈降する

08 月はなぜ地球の周りをまわるのか？……24
原始惑星テイアが地球に衝突し、月が生まれた

09 月にはなぜ表側と裏側があるのか？……26
表側と裏側では別の表層をみせる月の不思議

10 北極星は本当に動かないのか？……28
ゴマすり運動で地球の自転軸が動くと北極星もまわる

11 深海底の水圧と金星の気圧はほぼ同じ？……30
深海900mの深さに匹敵する金星地表の気圧

12 夏と冬では太陽の高さが違うのはなぜか？……32
地球の自転軸が傾いているために南中高度が変化

13 地震はどこで、なぜ起きるのか？……34
地震はプレート境界、月震は800㎞深部で起きる

14 大地震の発生が予測される地域は？……36
地震は一度起きれば終わりではなく、何度も繰り返す

PART2
火山学

01 マグマとはいったい何だろう？……40
ケイ酸成分で4分類されるマグマ

02 火山噴火はどんなしくみで起きるのか？……42
噴火は優勝祝勝会のビール掛けと同じ発泡だ

03 環太平洋にはなぜ火山が多いのか？……44
マグマはプレートの沈み込みによってつくられる

04 富士山はなぜそこにあるのか？……46
三つのプレートがせめぎ合うところに立つ富士山

05 富士山が噴火するのはいつなのか？……49
宝永噴火に匹敵する噴火があれば首都圏は大災害

06 カルデラとはいったいどんなものか？……52
大きな鍋になぞらえた巨大な陥没口がカルデラだ

07 日本を襲う次の破局噴火はいつ起きる？……54
日本に襲い来る破局噴火はカウントダウンに入った

08 スーパーボルケイノの凄まじい威力とは？……56
平均気温が10℃下がるそのとき人類は生き残れるか

09 プレートテクトニクスとはどんな現象か？……59
プレートは地球の内部を冷やすラジエター

10 ホットスポットの火山とはどんなものか？……62
ハワイとイエローストーンは地球の壮大な営み

11 頻繁に噴火するアイスランドの不思議？……64
中央海嶺とホットスポットの密接な関係

PART3

気象学

01 温暖化とは どんなメカニズムなのか?……68
自然のバランスを人為的に壊す 急激な温室効果

02 温暖化で北極の氷が溶けると どうなる?……70
温暖化熱を海水が吸収して膨張し、海面が上昇

03 北極と南極はどっちが寒いのか?……72
陸地か否か、二つの極圏で異なる条件

04 エルニーニョ現象、ラニーニャ現象とは?……75
南米とインドネシアで気圧がシーソーパターン

05 高気圧と低気圧はなぜ生まれるのか?……78
北半球では風は低気圧で反時計回り、高気圧で時計回りに吹く

06 地球を吹き抜ける風は なぜ生まれるのか?……80
北半球の亜熱帯上空は南西風、地上で北東風が吹く理由とは

07 フェーン現象はなぜ起きるのか?……82
山を越える空気の乾燥断熱率と湿潤断熱率で実態解明

08 台風はなぜ日本を直撃するのか?……85
夏場の北太平洋高気圧と偏西風が密接関係

コラム コリオリの力……87

09 ゲリラ豪雨はなぜ起きるのか?……88
豪雨が増大しながら降水日数減少の不思議

10 太陽に近い山の上が寒いのはなぜか?……90
熱エネルギーを失った空気は温度が下がる

11 雲はどうしてできるのか?……92
空を浮遊する雲は飽和した空気中の水蒸気だ

12 竜巻はなぜ起きるのか?……94
竜巻にはスーパーセルと非スーパーセルがある

PART4
地質学

01 日本列島はどのようにしてできたのか？……98
2000万年前に誕生し、2億5000万年後に消滅

02 マグマが冷えると宝石ができるのか？……102
マグマから宝石はできにくいが、例外はダイヤモンド

03 地層はなぜ地球表層の記録を表すのか？……104
地層で初期地球からの表層環境の変遷が解読可能

04 化石によって何がわかるのか？……106
地層記録は地球史の最良の記録媒体だ

05 日本はいまなお「黄金の国ジパング」か？……108
鉱石1tに1g含まれていれば採算が合う金

06 不思議な大地の風景はなぜできるのか？……110
自然の風化作用による岩石を材料とした芸術

07 パンゲア大陸（超大陸）と大陸分離の不思議？……112
大陸誕生と分離はプレートテクトニクスの力

08 スノーボール・アースはあったのか？……114
全地球凍結をスノーボール・アースと名付けた

09 史上最大の生物の大量絶滅の原因は？……117
生物の大量絶滅のあとに哺乳類が誕生した

10 白亜紀末の恐竜絶滅の真相は？……120
隕石衝突より暗黒星雲との遭遇が最大の原因か

11 酸素発生型光合成の起源は？……122
大気酸素濃度が急増し、地球独特な大気組成ができる

12 なぜ地球にはいろいろな岩石があるのか？……124
地球は各種の岩石をつくる操業中の生成工場だ

PART 1
地球物理学

5
8
210
150
近日点
240
120
2.067×10⁸km
北半球
・夏至
90
10
300
60
2.492×10⁸km
330
0
30
11
12
2
1

01 地球はどのようにして誕生したのか？

多様な隕石の2段階による合体でできた地球

太陽系は、今から約46億年前にできました。太陽だけではなく、太陽系の惑星も同時にできました。**最初は星間ガスの回転濃集から始まり、やがて中心星の太陽とそれを取り巻く円盤が形成されると、円盤の中にガスから固体の塵が晶出しました。その後、それらの塵《ちり》が相互に合体して、岩石、微惑星、そして惑星や衛星が短期間に形成**されました（**図1**）。惑星になれなかった小惑星、隕石《いんせき》、そして月の石の最古年齢は、いずれも46億年前であることから、それが太陽系形成年代とされています。

ですが、地球にはそのような古い記録は残されていません。その理由は、地球では他の惑星にないプレートテクトニクス（59p参照）が働いていて、常に古い岩石を新しいものにつくり替えているからです。**地球最古の岩石はカナダ北部でみつかった40億年前のものであり、最古の物質は43億7000万年前のジルコンという鉱物粒です（図2）。地球年齢が46億歳ということは間接的に推定されている**わけです。

地球の岩石の化学成分はよく調べられており、しばしば惑星形成の材料物質であった隕石の組成と比較されます。すると**地球岩石は多様な隕石の種類の中でも、特定のタイプ（エンスタタイト球粒隕石）と近縁である**ことが確認できます。

ところが、このタイプの隕石には、大気や海水をつくる軽い元素がまったく含まれておらず、エンスタタイト球粒隕石だけでは、現在のような水惑星地球をつくることはできません。地球の大気や海水をつくっている水素の同位体組成（普通の水素の他に重水素と三重水素がある）は別のタイプ（炭素質球粒隕石）が起源であることを示しています。

したがって、**地球形成は、岩石／金属からなる部分をつくったエンスタタイト球粒隕石集積の段階と、その後の炭素質球粒隕石の追加という2段階を経てできた**ことがわかってきました。太陽系の中を実際に探査機が飛びまわって調べた結果、エンスタタイト球粒隕石は地球軌道周辺にも存在していたと考えられますが、水素などの揮発性成分を持つものは火星の外側の小惑星帯の中でも外側にしか分布していないことがわかりました。であれば、**初期太陽系の円盤の中で大規模な物質移動を考える必要があります**。

ちなみに、地球の兄弟星である水星、金星、そして火星は同様のでき方をしたと考えられます。

一方、その外側にある木星や土星のような巨大ガス惑星、そしてさらに外側にある天王星や海王星のような氷惑星は、太陽からの距離に応じて、物質の安定条件が変化したことを反映してできたと考えられます。

図1　従来の太陽系形成モデル（京都モデル）

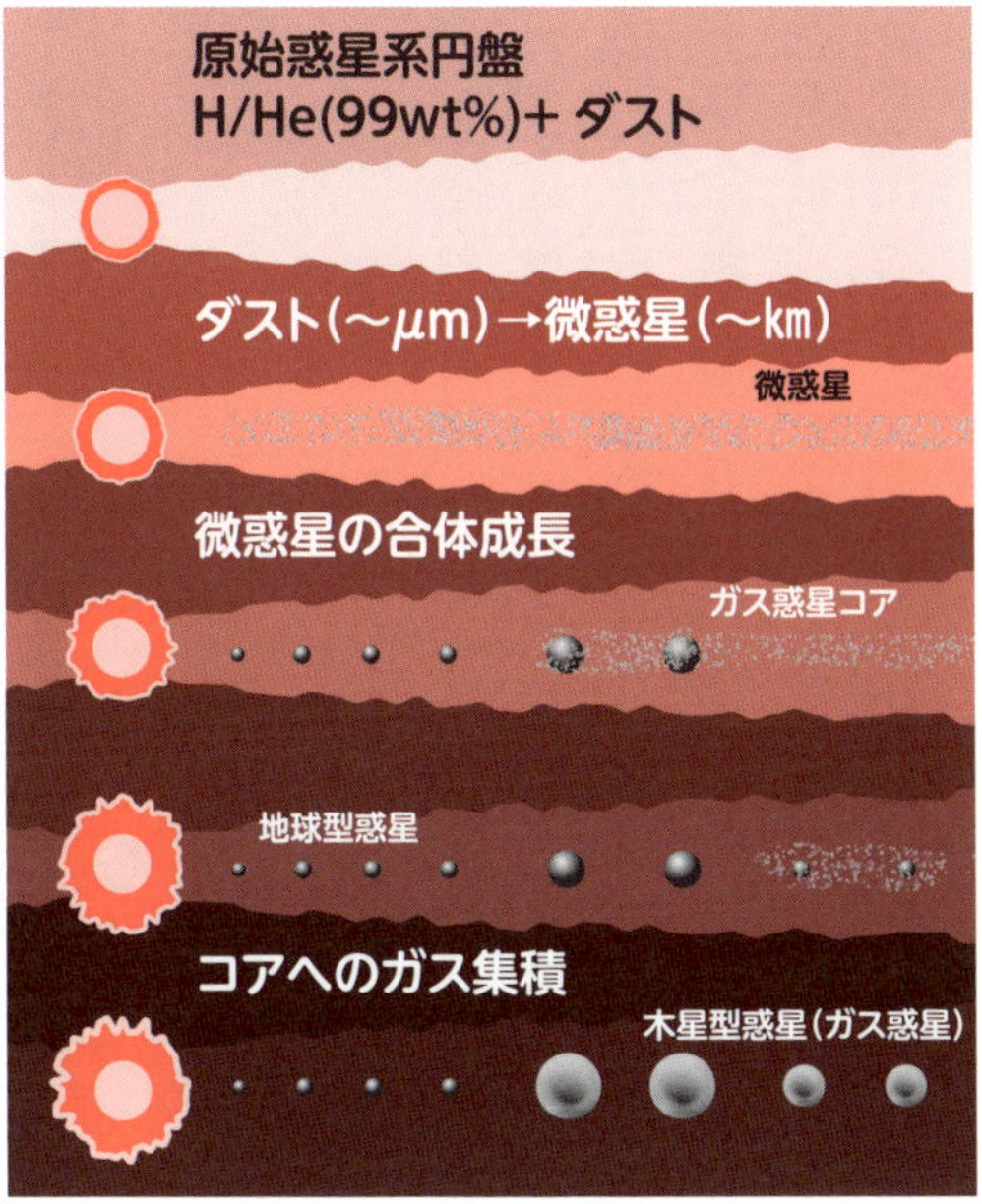

**図2　最古の物質
ジルコンの顕微鏡写真**

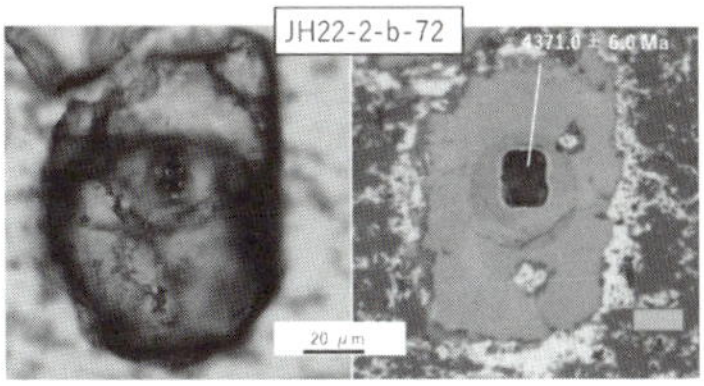

02 太陽をまわる惑星はなぜ楕円軌道なのか？

惑星の楕円軌道の発見は科学革命となった

「地球は太陽を中心とする円軌道をまわっている」

これは大きな誤解です。この機会に誤解を正してほしい。17世紀の天文学者、ヨハネス・ケプラーは天体の運行に関する膨大な観測結果をまとめて、惑星の運動についての「**ケプラーの法則**」をまとめました。**ケプラーの第一法則は「惑星は太陽を焦点とする楕円《だえん》軌道で運行する」**ことを示しました。それまでコペルニクスの地動説「太陽を中心とする円軌道で運行」が信じられていたのですが、より精密な観測の科学的な解析により楕円軌道であることが明らかにされました。たかが楕円というなかれ、この成果はのちのニュートンの「万有引力の法則」や「力学」に結びつく、科学革命とも呼べる快挙でした。

また、ケプラーの解析で重要な役割を果たしたものに火星の観測結果もあります。**楕円は円がゆがんだものであり、そのゆがみ具合が「離心率」という量となる**のです。**円は離心率がゼロ、値が大きくなるにつれてゆがみが大きくなる。地球ではこの離心率は0・0167、火星は0・0934、地球の6倍もの大きさ**となります。

さて、この離心率が変わると、何が変わるのでしょうか？

楕円軌道では太陽と地球との距離が変わります。太陽に一番接近するとき〝近日点〟と、一番遠くなるとき〝遠日点〟の距離の差が離心率と関係します。**地球の場合は近日点距離：1.471×10⁸km、遠日点距離：1.521×10⁸km。離心率が大きな火星では近日点距離：2.067×10⁸km、遠日点距離：2.492×10⁸km（図1）**となります。

この違いは大きくて、地球と火星の気象に多大な差が生じています。

　惑星の表層の温度は太陽の光のエネルギーにより支配されているために、**近日点では多くの太陽のエネルギーを受け、表面温度は高くなり、遠日点ではそれが少なく、表面温度は低く**なります。**地球では受けるエネルギーの差は7％程度**ですが、**火星では30％にもなる**わけです。火星の近日点付近は南半球の夏にあたるため、南半球の夏は極めて暑いことが知られています。地球ではこのような顕著な差はありません。

　では、なぜ火星はこれほどに離心率が大きいのでしょうか？　それは外側に位置する大きな木星の存在が効いていると考えられているのです。

軌道離心率

$$e = \frac{\sqrt{a^2 - b^2}}{a}$$

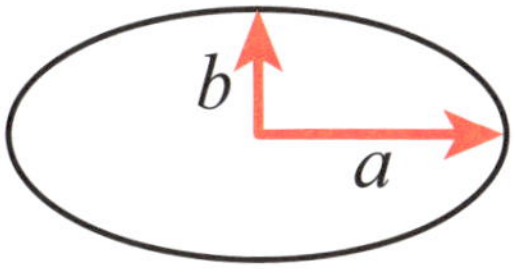

図1　火星の公転軌道

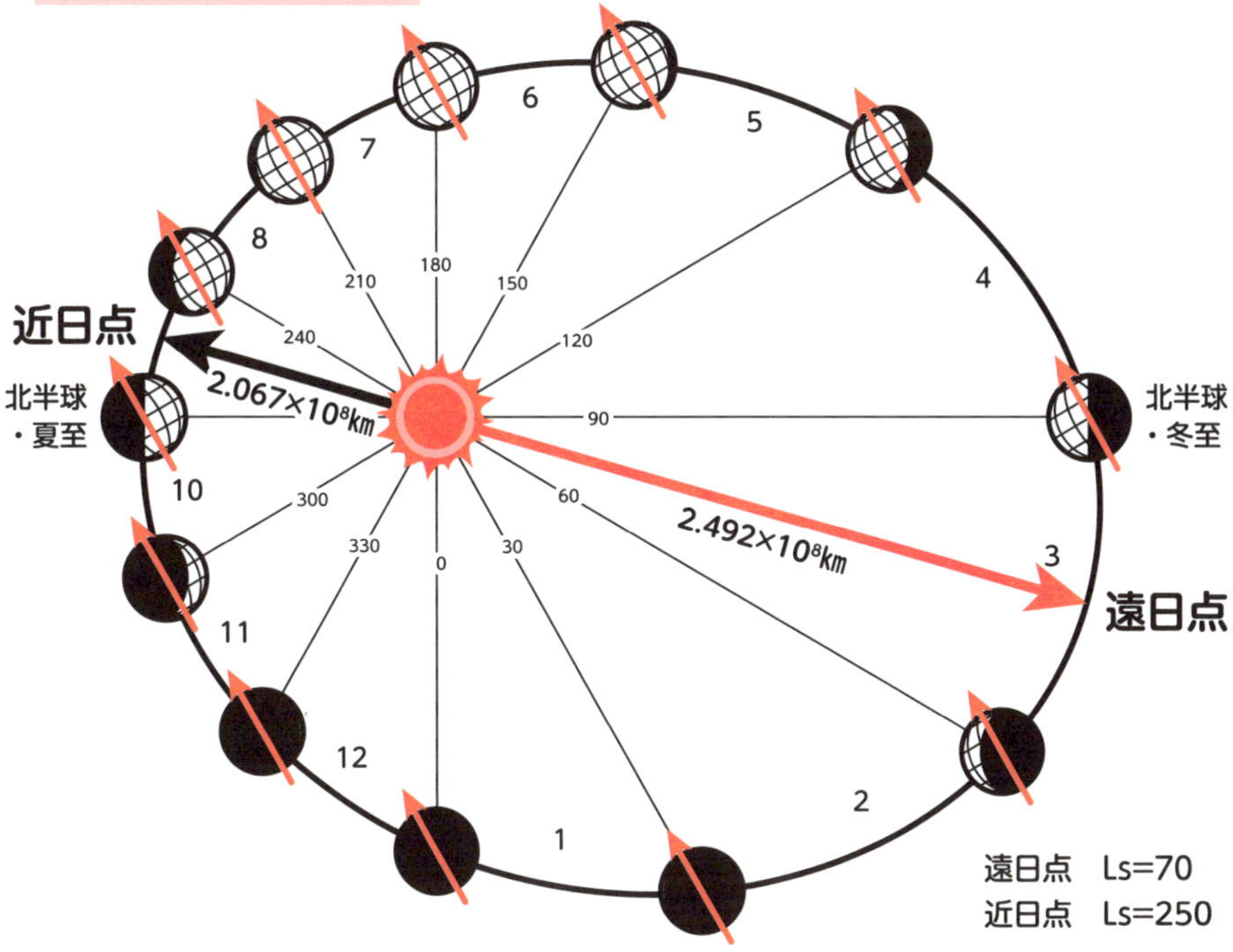

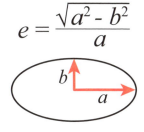

03

PART1 地球物理学

地球の地軸が動くとどうなるのか？

自転軸が傾いたために季節が生まれた

日本には四季があり、人々は夏の暑さや冬の寒さを感じながら季節の移り変わりを楽しんでいます。この春夏秋冬の四季はどうして生まれるのでしょうか？

太陽の周りを地球が楕円を描きながら公転しているために、地球から太陽までの距離が一年を周期として変化することが原因なのでしょうか。季節は日本だけでなく世界中にあり、北半球が夏の時期に南半球では冬を過ごしていることを思い出してください。地球と太陽の距離の変化が季節の原因だとすると、北半球と南半球で一年の中で季節が逆になることを説明できません。

原因は、**地球の自転軸が傾いている（図1）ことにあります。地球の自転軸は地球が太陽の周りをまわる公転面（黄道面）に垂直ではなく、垂直な方向から23・4度傾いています。**

自転軸の傾いた方向は、公転によって変化しないので、北極側が太陽の方向に近づくときと南極側が太陽に近づくときが生まれます。**北極側が太陽の方向に傾いた自転軸で自転したとき、太陽から受けるエネルギーは北半球で大きくなります。図2**にその様子を示しました。

夏至のころには北緯23・4度の地点で太陽が真上に来ます。さらに昼間の長さも長くなり、北半球は太陽のエネルギーを南半球よりたくさん受ける（**図3**）ことになるのです（「夏と冬では太陽の高さが違うのはなぜか？」32p参照）。

太陽と地球の距離は影響しないのでしょうか？

楕円軌道を公転する地球が**太陽に最も近づく点を近日点**といいます。いま近日点は冬至点の近くにあります。ということは、北半球が冬の季節に地球は太陽に近づくということです。

地球の公転軌道は円に近いので、**遠日点での太陽までの距離は近日点での距離より約3%だけ長くなります。**このとき太陽から受けるエネルギーの違いは約7%程度と小さく、それより地球の自転軸が傾斜している影響のほうが大きいのです。

なぜ、自転軸は傾いているのでしょうか？

月が地球の周りをまわりはじめることになった事件と関係していると考えられています。「月はなぜ地球の周りをまわるのか？」の項（24p）で触れますが、**46億年前に起こったジャイアント・インパクト（巨大衝突）で、地球の自転軸も傾いてしまったら**しいのです。

図1　地球の自転軸の傾き

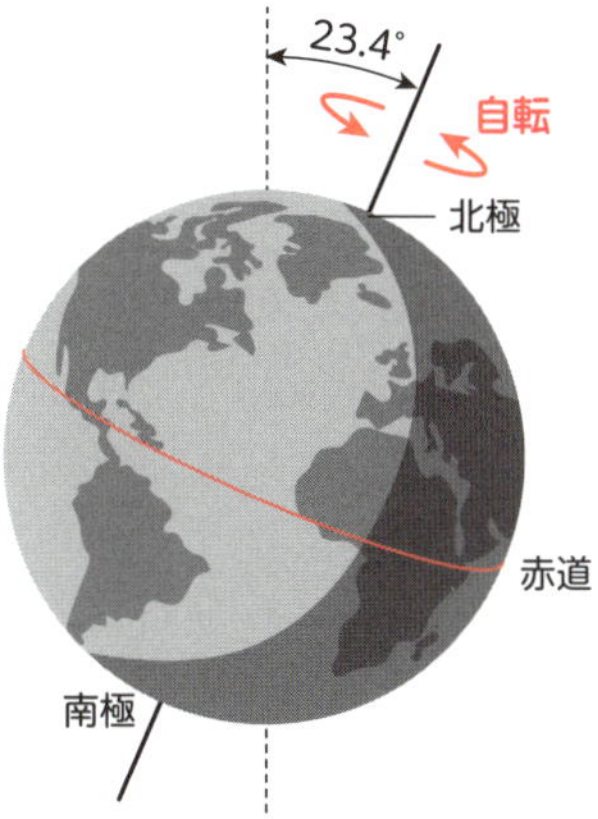

図3　夏至のころの太陽光と地球の関係

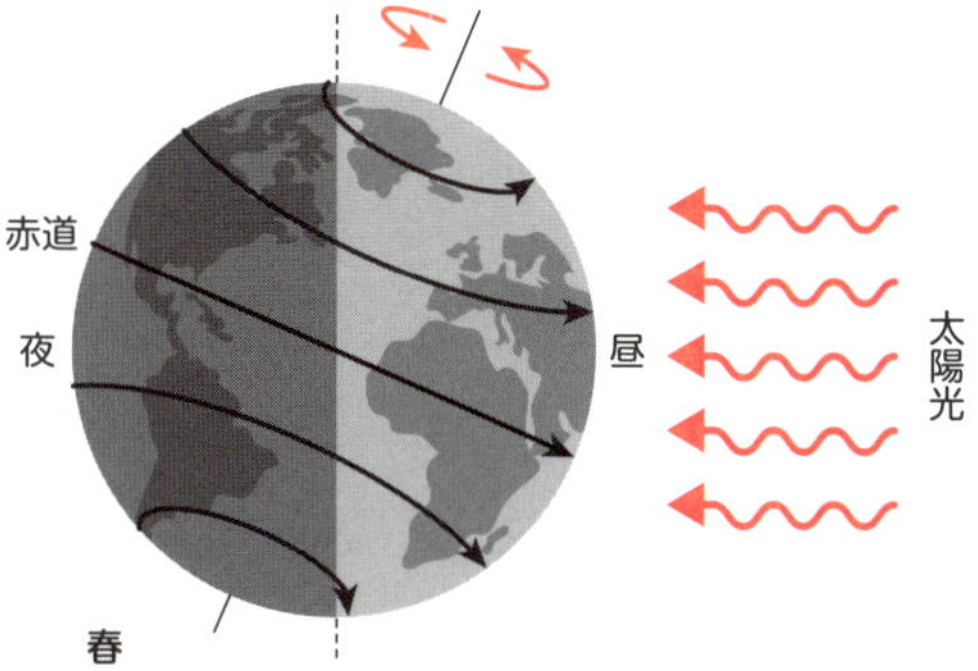

図2　自転軸が傾いた地球と太陽の位置関係

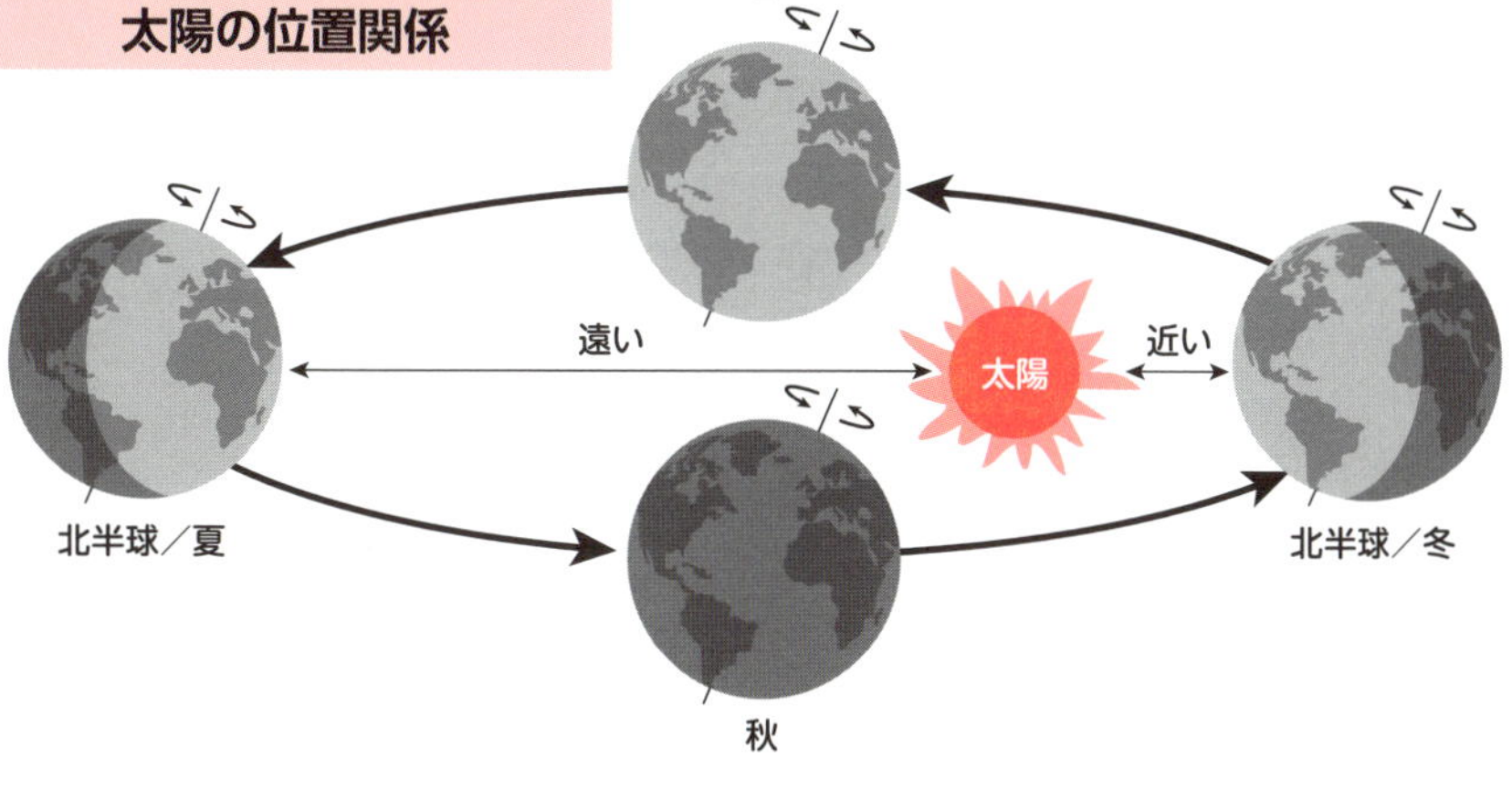

04

PART1 地球物理学

磁場の起源とその逆転はあったのか？

磁場は移動し、北極と南極が逆転する地球

現在の地球は、自転軸にほぼそった向きにN極とS極の並んだ棒磁石のような磁場(双極子磁場)を持っています（**図1**）。融けた鉄でできている中心核の中で流体の運動が電流となり、電磁石となっている（ダイナモ作用）と考えられています。

このような**磁場は地球に限ったものではなく、太陽、水星、木星、土星、木星の衛星ガニメデなど、太陽系内の幅広い天体に存在している共通の特徴**です。火星も現在は双極子磁場は存在しませんが、数十億年前には存在していました。**金星だけが磁場がなく、異端児**です。

地球の磁場は結構大きく変化をしています。まず、北磁極、南磁極の位置、おおざっぱには自転軸の向きですが、時間とともにフラフラ動いています。20世紀の100年間で1000㎞以上動きました。このため現在の北と数百年前の北では方位が異なります。

また、その強さも変化していて最近200年間で**図2**のように減少し続けています。このままいくと、近い将来磁場がなくなる日が来るのかもしれません。映画『ザ　コア』の世界です。

ことに極めつきは磁石の向きです。岩石に残された過去の磁場の向きを調べると、ある時期には現在と反対方向を向いていたことがわかりました。**南極が北極、北極が南極です。磁場は逆転する**のです！

過去の長い歴史を調べると、現在の向きが安定というわけではなく、正転状態と逆転状態がほぼ均等に起きています。最も直近の逆転期は、259万年前から77万年前まで続いたMatsuyama期です。京都大学の松山基範教授が発見したことからこの名前がついています。なぜ、ど

のようなきっかけで逆転するのか、残念ながら、しかし、研究者にとっては幸せなことに？わかっていません。

磁極の移動、強度の変化、逆転と磁場は、地球の他の性質とは大きく異なり、時間的に大きな変動を示すダイナミックなものです。

さて、磁場には私たちにとって大変重要な役割があります。太陽からやってくる高速の荷電粒子の流れ（太陽風と呼ばれる）を磁場が捉え、地球への直撃から護《まも》ってくれているのです。高速の荷電粒子はそのまま降り注ぐと地表に生きる生命にとって有害なもので、私たちは地球磁場によって太陽風の攻撃から防衛されているのかもしれません。

では、磁場が減少し続けている状況で、また磁場が逆転したとすれば、そのとき未来はどうなるのでしょうか？

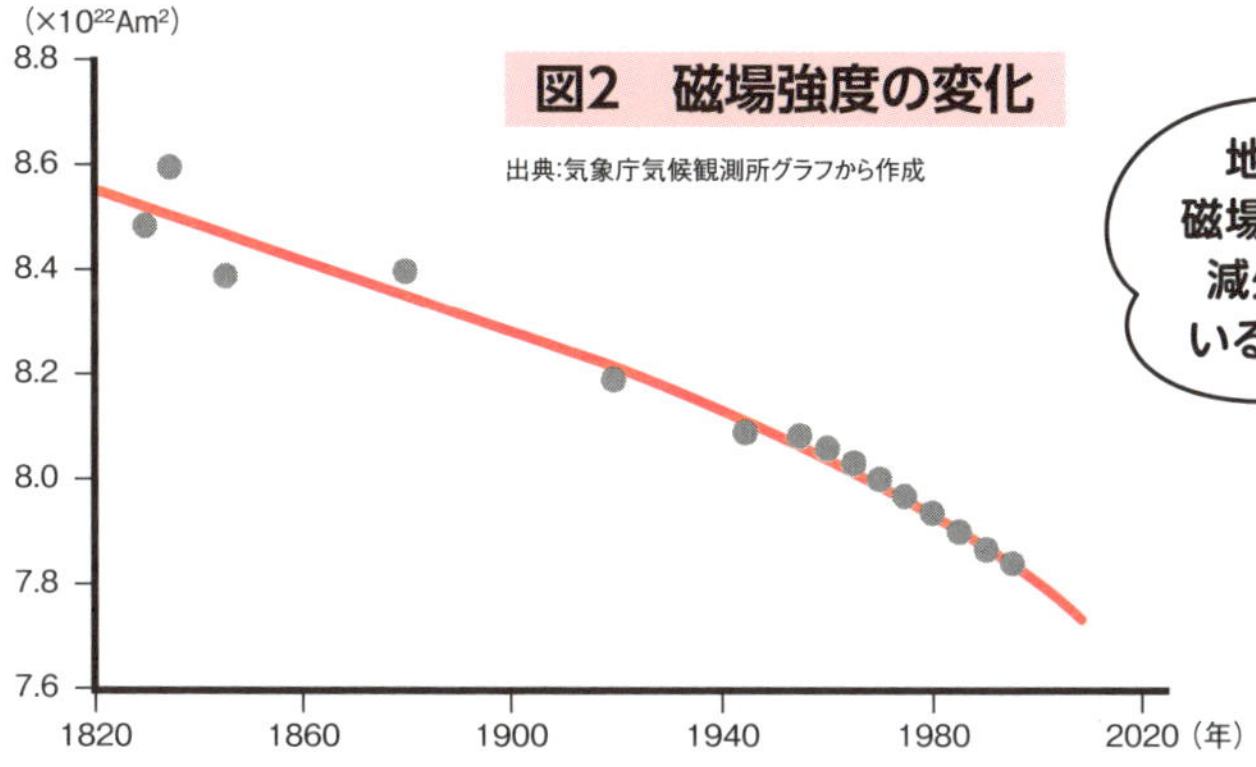

図2 磁場強度の変化

出典:気象庁気候観測所グラフから作成

図1 地球の磁場・磁力線の動き

出典:wikipediaのグラフから作成

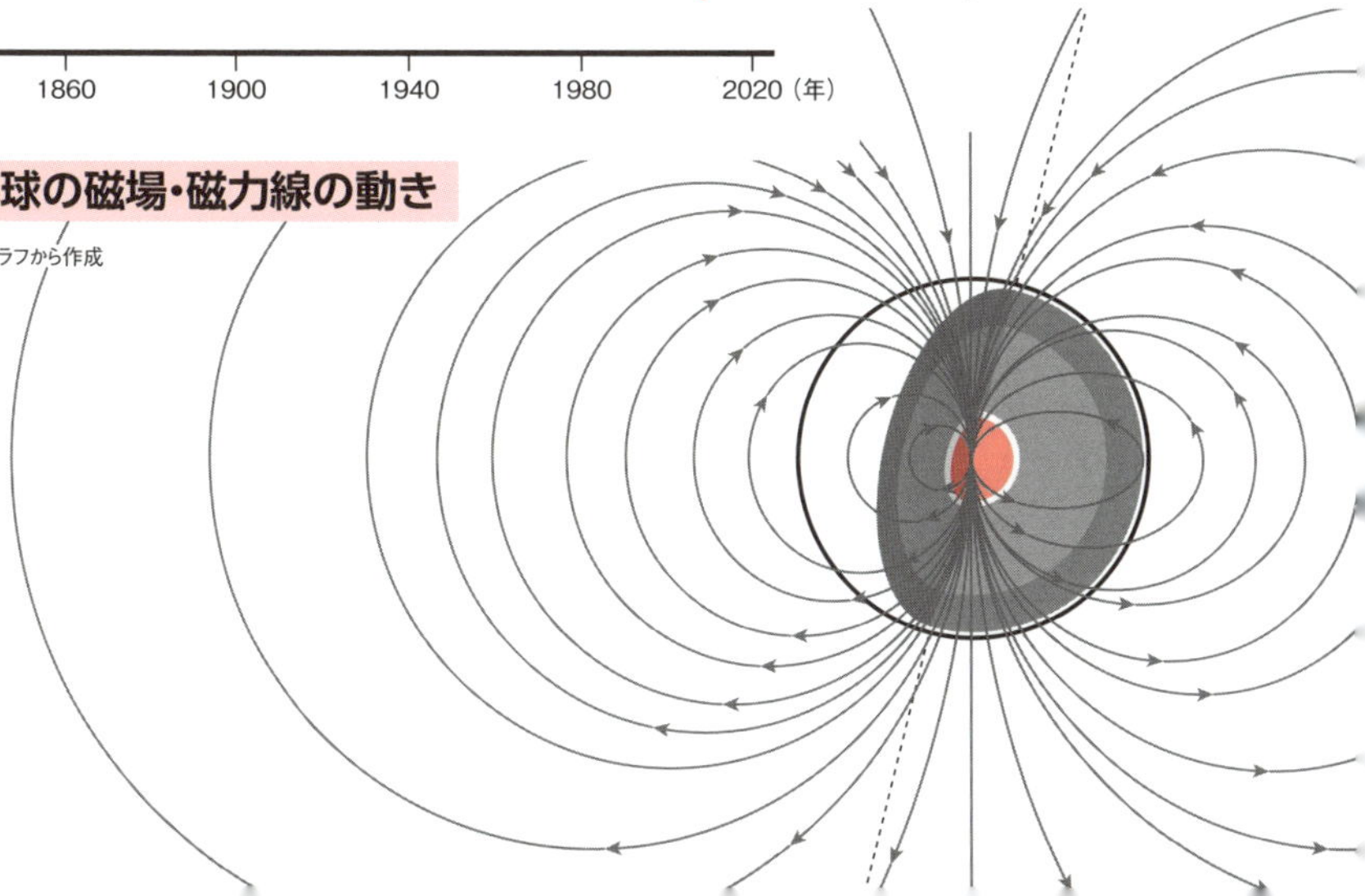

05

PART1 地球物理学

地球の自転はいつの日か停止するのか？

地球の自転速度は遅くなり、月はだんだん遠くなる

地球は一日24時間かけて自転していると思っていませんか？

もしそう思っておられるなら、それは誤解です。一日は太陽が南中してから次の南中までの時間です。地球は太陽の周りをまわっているために一日経つと違った位置に移り、南中と自転の間に差が生じます。**1自転は23時間56分、4分短い**（**図1**）のです。

むかし、時間はこの一日の長さを基準に測っていました。ですが、いまでは原子時計という天体の運行とは無縁の、格段に精度の高い方法で測られています。自転の速度は計測の精度が上がるにつれて結構変化していることが明らかになりました。例えば、季節によって自転速度は微妙に変わりますが、これは**大気の運動、風が吹くことで地球の回転を速めたり、遅らせたりする**（**図2**）からです。

ニュースなどで「うるう秒」を挿入します、といったお知らせを目にします。「挿入」するだけで、「引き算」はありません。ということは**一日の長さはだんだん長くなってきている**（**図3**）ことを意味しているわけです。

実は、この現象とは、地球の自転速度が遅くなってきていること、太陽の周りをまわる時間が一定とすると、一年の日数が減ってきていることを示しているのです。

そうです、地球はむかしは一年が400日くらいありました（せわしないですね、ただし約4億年前ですが）。このままいけば、**いつの日か自転が止まってしまう**でしょう。

なぜ自転速度は遅くなっているのでしょうか？

それは、ブレーキ役がいるからで、海底と海水

との間に働く摩擦力が原因と考えられています。といっても、**物理法則は回転の運動量は保存する**、と教えています（**角運動量の保存則**）。では、自転が遅くなって失われた自転角運動量は、どうなったのでしょうか？

　これは、潮汐力《ちょうせきりょく》を介して月の公転角運動量に受け継がれています。そのために地球の自転が遅くなるにつれ、**月は公転が加速され地球からだんだん遠ざかっていきます（現在は約4㎝／年）**。とすると、一年が400日もあった4億年前の月は、もっと地球の近くにあってかなり大きくみえていたはずなのです。

図2　自転速度は大気運動で変化

自転速度は
風の摩擦で
揺らいでいる
んだね

図1　1日の長さと1自転

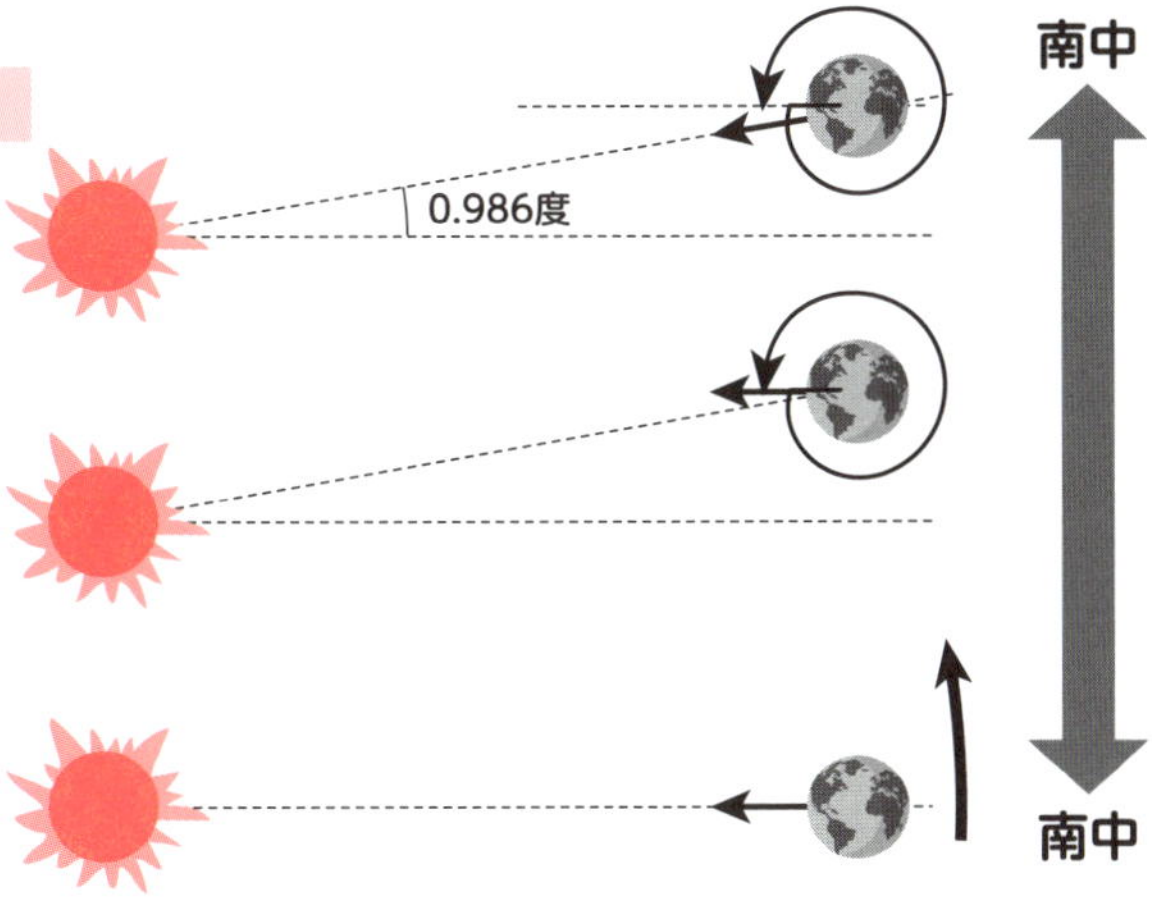
南中
0.986度
南中

図3　過去と現在の1年の日数の変化

	1年の日数
現　在	365.25
7千万年	370.33
3億年	387.50
3億8千万	398.75
4億4千万	407.10

1日の時間は
長くなって
いるよ

06 太陽の寿命、残りはどれほどあるのか？

PART1 地球物理学

太陽は中規模サイズの星、大質量の星ほど短命だ

太陽では中心部で高温・高圧のために水素がヘリウムに変わる核融合反応が起き、その反応により光り輝いています。一方、惑星は大きさが小さいために中心部で温度も圧力も高くなることはなく、核融合反応が起きないために「恒星」になれず、「惑星」として留まってしまったのです。

さて、核融合反応は水素を燃料としているため、燃料が尽きてしまえば寿命を迎えることになります。この寿命はどのくらいあるのでしょうか？

宇宙には太陽の10倍、100倍もの大きな質量の星が存在しています。もしかして燃料の豊富な大きな星が長寿命？

面白いことに**大きな質量の星は内部がより高温・高圧になり、効率的に核融合反応が進むためにすぐに燃え尽きてしまいます**。ところが、**小さな星はゆっくりと反応が進むために、しぶとく輝き続ける**ことになるのです（**図1**）。太陽の3倍の質量の星では10億年、25倍の質量の星はなんと数百万年、という短い一生となります。ちょっとむかしのどこかの国の車は大きく、したがって燃料タンクも大きく、がぶがぶガソリンを消費したのに対して、当時の日本車は小型で燃料タンクも小さいために燃費が良く走り続けていた……ウーン、似ているかも。

ところで、私たちの**太陽は星としては中規模のサイズ**（**図2**）。**理論的な計算によるとその寿命は100億年以上**あります。現在生まれてから46億年経っているので、あと**少なくとも50億年以上は光り続けている**はずです。

地球の表層環境は太陽の光のエネルギーによって支えられているため、太陽の今後は地球の今後に大きな影響を持っています。**太陽は核融合反応**

が進むにつれて内部は高温になっていき、しだいに膨らんでいきます。終末期にはその直径はなんと現在の100倍もの大きさに達します。これは現在の水星の軌道を優に超える大きさです。当然地球が受ける太陽のエネルギーは距離が短くなるために大きくなり、表面は高温になることが予想されます。

また、こんなに大きくなると太陽の外縁部から太陽を構成していた水素があふれ出し、周辺は過酷な環境になります。いずれにしても**地球の将来は、明るすぎる太陽のもとで大変暗い！**

図2　太陽の大きさ

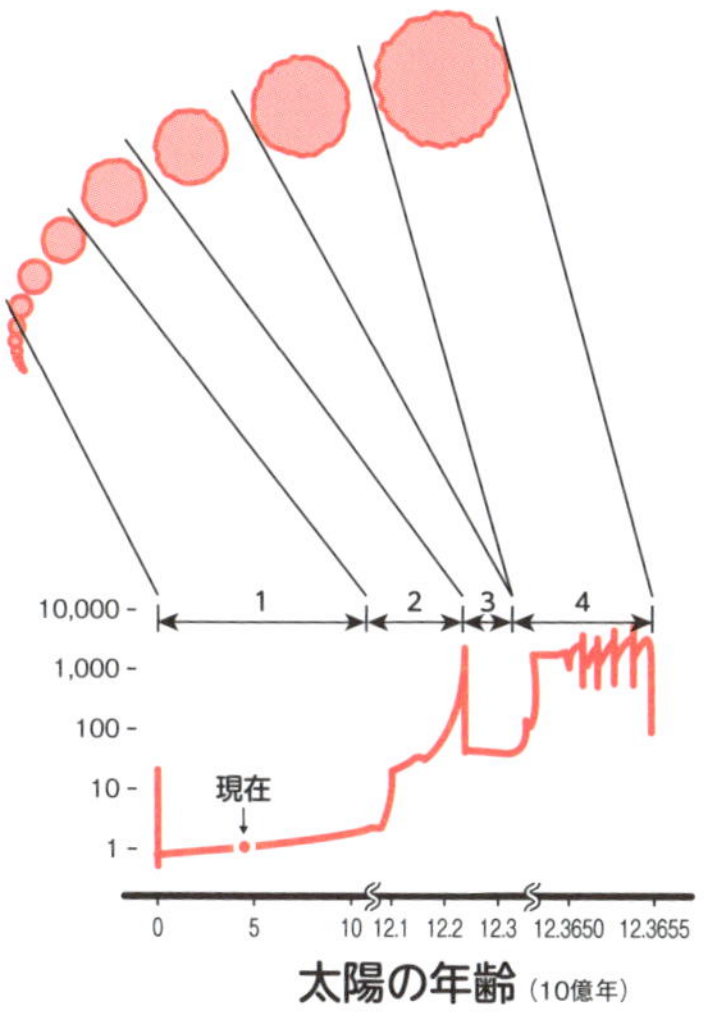

図1　星の寿命と星の表面温度

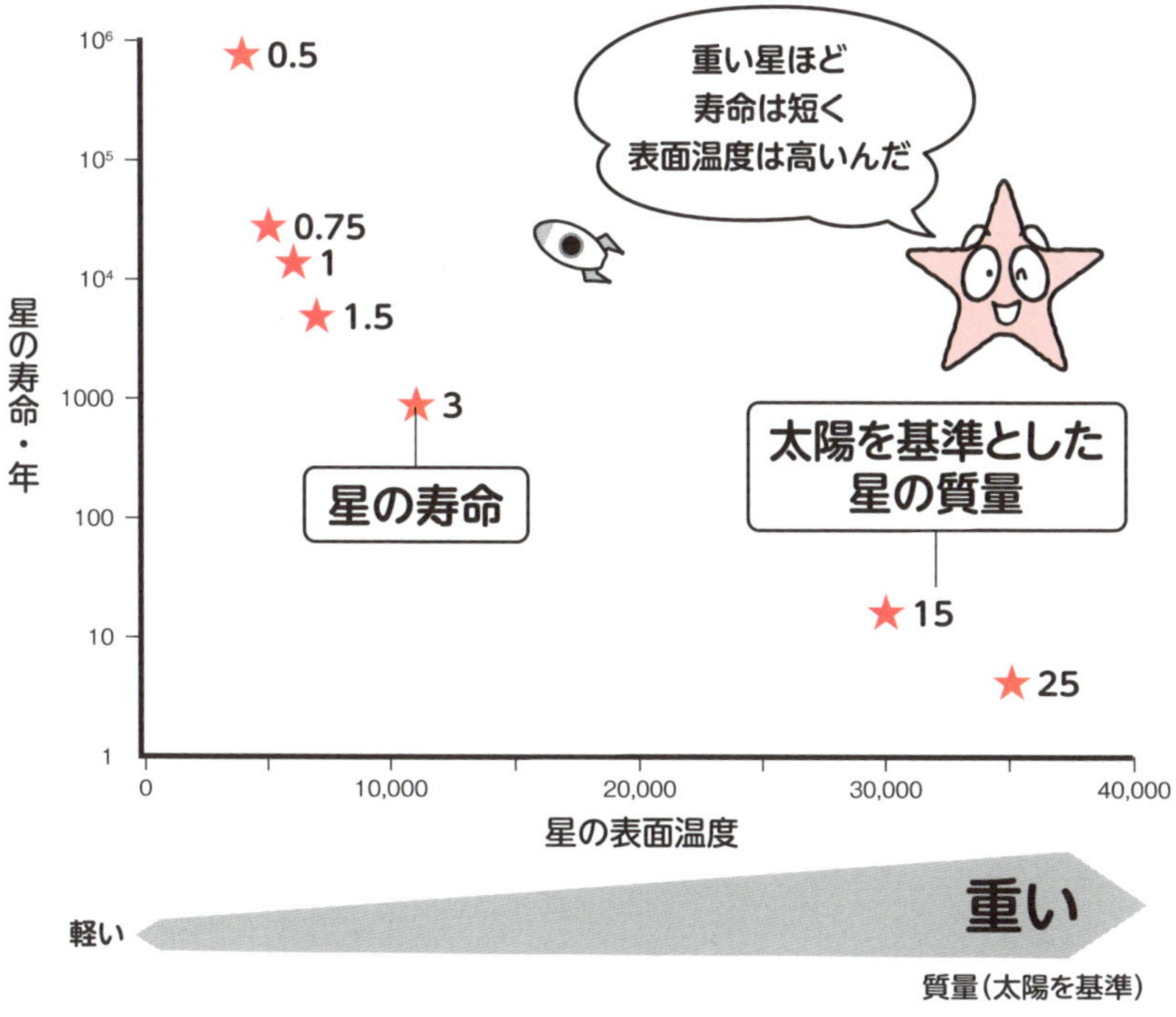

07 マントルはなぜ対流しているのか？

マントルは熱膨張で上昇し、熱放射で沈降する

一寸休憩。簡単な実験で頭のリフレッシュを。

コンビニで炭酸水のペットボトルと干しぶどうを買ってきます。このペットボトルの中に干しぶどうを数粒入れて、何が起きるのか観察します。なんと炭酸水の中に落ちた干しぶどうは浮いてきたり、沈んだり、ダンスを始めるではないか！

図1　なぜ干しぶどうは上下する？

なぜ浮かんでくるの？
下で炭酸ガスがくっつき、軽くなるから

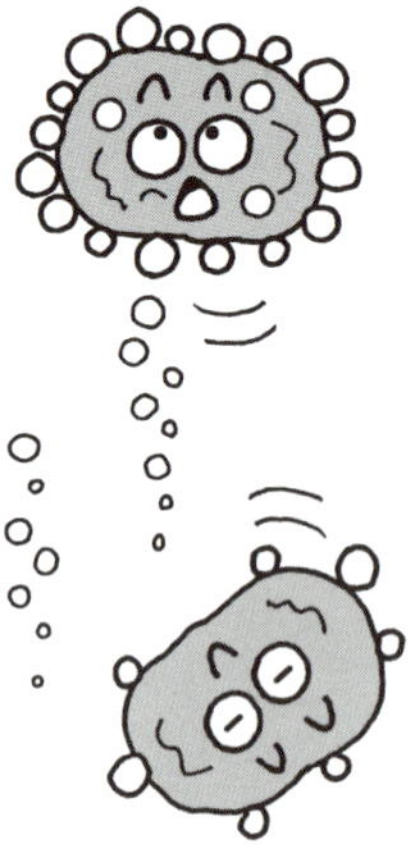

なぜしずむの？
水面で炭酸ガスがはなれ、重くなるから

これは**「踊る干しぶどう」として知られる有名な実験（図1）**です。よくみていると興味深い運動をしていることがわかります。底のほうで静かにしていると思いきや、突然浮き上がる、水面に達するとクルッと水泳選手のようなターンして沈み込む、全然浮かび上がってこないのがいる、ときどきムクッと途中まで上がるのだけれど、力足らず沈む。ガンバレ！　だんだん干しぶどうが愛おしくなり、応援したくなります。

さて、水よりも重いはずの干しぶどうがなぜ浮き上がるのでしょうか？

底で静かにしている間に、干しぶどうのシワシワの表面に炭酸ガスのバブル（泡）がくっついていくことが観察できます。**ガスバブルは軽いのでたくさんつくとその浮力で浮かび上がる一方、水面では空気中にガスバブルが放出されるために再**

び重くなり沈んでいくのです。この一連の動きで、炭酸ガスはペットボトルの底から空気中に輸送されたことになるわけです。**これと同じことが地球のマントルでも生じている（図2）**のです。

マントルの場合、炭酸ガスではなく「熱」、干しぶどうはマントルをつくる「岩石・鉱物」です。**高温のマントルの下部で熱を受けとり、温度が高くなった岩石は熱膨張で軽くなります。上昇し、地表付近でこの熱を放出すると、今度は重くなり沈降していく**わけです。

このような上昇・下降のサイクルを**熱対流現象**と呼びます。マントルも対流しており、その運動によってさまざまな地質現象が駆動されます。残念ながら熱をみることはできないのですが、干しぶどうにくっついたバブルは観察することができます。

夏目漱石の弟子で随筆家・俳人でもあった物理学者寺田寅彦は、茶碗の湯に立ち上る湯気をみて熱対流に思いをはせました。私たちは踊る干しぶどうをみてマントル対流を想像しましょう。

図2　地球の内部では？

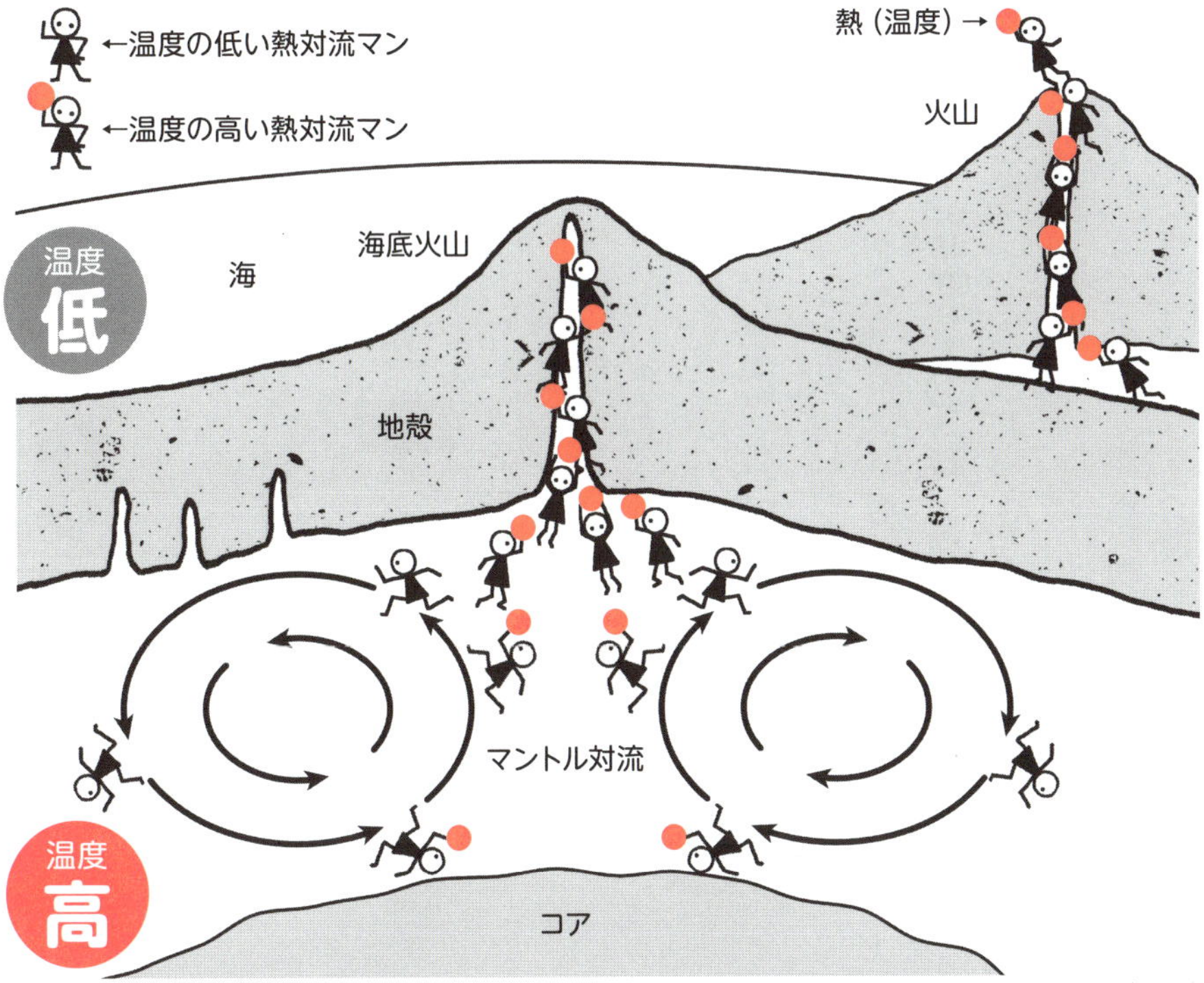

『地球のなかをさぐる』山科健一郎・栗田敬／福音館（1998）から作成

PART1 地球物理学

08 月はなぜ地球の周りをまわるのか？

原始惑星テイアが地球に衝突し、月が生まれた

太陽系の衛星の中で、地球の月は直径が5番目に大きい衛星です。母惑星の質量との比でみると地球の質量の約80分の1に相当します。ほかの衛星ではその比が1000分の1にも満たないので、月は母惑星に対して異常に大きい衛星です。

月の起源については、**地球ができたときにほぼ同じ場所で同時にできた**（**姉妹説**）、**地球の一部が自転による遠心力で飛び出してできた**（**親子説**）、**地球と異なる軌道の天体を捕獲した**（**他人説**）、**地球に巨大な隕石が衝突したために月ができたジャイアント・インパクト**（**巨大衝突**）**説**が主な候補として考えられ、可否が検討されてきました。

月の岩石の成分は地球のマントルの成分に近く、地球にあるような金属（主に鉄）の核はないか、小さいことがわかっています。そうすると姉妹説では説明できません。また、地球の自転による遠心力で地球をつくっている物質を重力に逆らって放出することも困難なので、親子説も否定的です。さらに他人説で月のような天体を捕獲できる確率が低いことから他人説も否定されました。

一方、約46億年前の初期の太陽系では、微惑星の衝突が繰り返され、この衝突による微惑星の合体で惑星は成長しました。形成中の地球では、岩石と金属の密度の違いから中心に金属の核、周囲に岩石のマントルと分化が進みます。この過程で**原始惑星が衝突すると、主に外側のマントル部分が地球から引きはがされ、地球に再び落下しないで地球の周りをまわるようになり岩石中心の月が生まれる可能性**があります。

計算シミュレーションは、**直径が地球のほぼ半分の火星規模の原始惑星が地球に衝突すると月が**

生まれることを裏付けました。このジャイアント・インパクト説によると、月の岩石には「揮発性成分」が少なく、形成初期に表面付近が大規模に溶融した経験があることも説明できます。

現在、**ジャイアント・インパクト説（図1）が最も有力な月創生のシナリオと考えられていて、地球に衝突したであろう原始惑星はテイアという名前で呼ばれ**ています。テイアは自転軸に対して45度くらいの角度で斜めに衝突したという考えも提唱されました。この衝突によって地球の自転軸は公転面に垂直な方向から傾いてしまい、その結果、地球に四季が生まれることになった、というわけです。

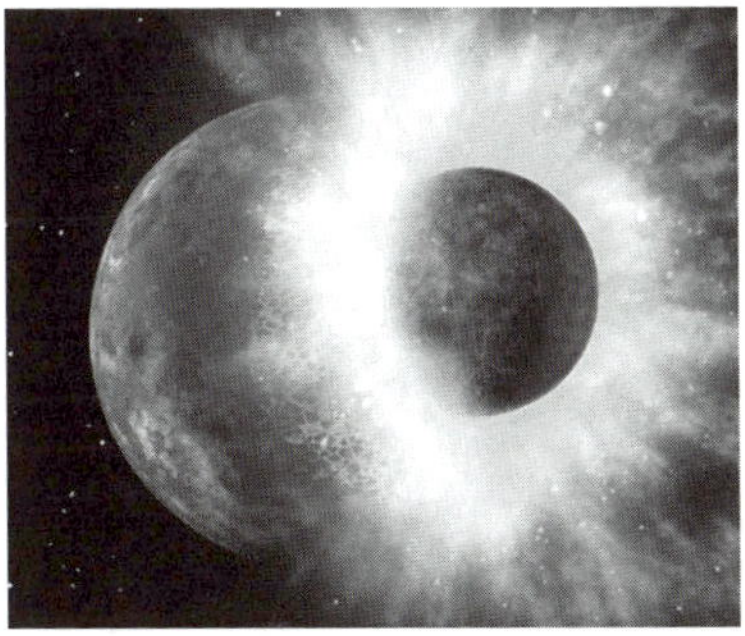

図1　月の生まれる原因、ジャイアント・インパクト説

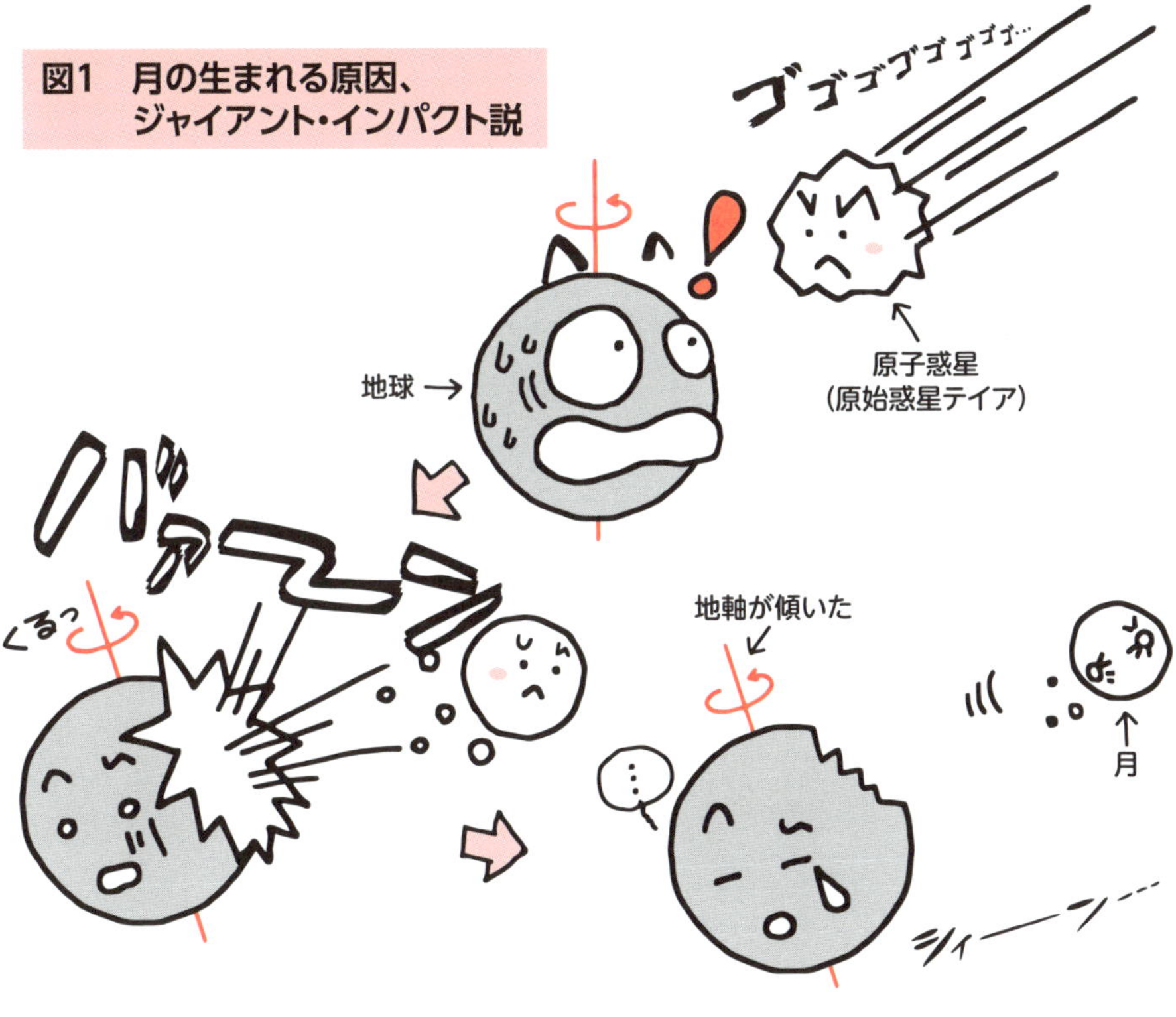

PART1 地球物理学

09 月にはなぜ表側と裏側があるのか？

表側と裏側では別の表層をみせる月の不思議

「物ごとには必ず表と裏がある」

子どもが大人になるために学ばなければならない事柄の一つです。月も同様、その表と裏は最重要ポイントで、未だ謎に満ちた、子どもだけでなく大人をも悩ませ続けている問題です。

まず、月はいつも同じ面を地球にみせていて(表側)、我々からは月の裏側がみえません。なぜなら、月は約28日で地球の周りをまわっていて、かつ同じ周期で自転しているためです。これを**同期回転（自転）**と呼びます。太陽系の中では衛星に広くみられる現象で、**惑星との潮汐相互作用が原因**と考えられています。

月では、この表側と裏側は本質的にまったく別ものであることが月探査によって明らかになりました。**表側は平均高度が低く、暗色の海と白い高地**からできていますが、**裏側は高度が高く、高地ばかり**です。

高地をつくっている白色の岩石は、斜長岩と呼ばれ、初期に大規模に融けたマグマの海から析出、浮かび上がった**斜長石が主体**です。

一方、海をつくっているのは、その後に噴出した**玄武岩**です。したがって、**裏側は形成年代が古いためにクレーターが多く、表側は新しいのでクレーターが比較的少ない**（**図1**、**図2**）のです。

なぜ、このように天体を二分して分かれてしまったのでしょうか？

実は、このようなことは月に限ったことではなく、ほかの天体でもみられる特徴で、**二分性**と呼ばれています。例えば、火星では南半球の高度が高くて古いのに対し、北半球は低地で新しい。原因は謎です。

さて、月ではなぜ表と裏でこんなに違ってしまったのでしょうか？

月は、むかしもっと地球に近い軌道を短い周期でまわっていました。マグマから結晶が浮かび上がるときに外側に掃き寄せられたのでしょうか？斜長岩でできた高度の高い部分を裏側（地球から遠い部分）にするように回転したのでしょうか？

まだまだ眠れない夜が続きます。

図1　月の表側

図2　月の裏側

表側って
クレーターが少なく、
高度が低く、
暗色の海と白い高地
があるんだって！
逆に裏側は、
クレーターが多く、
高度が高くて
高地が多いらしいよ

PART1 地球物理学

10 北極星は本当に動かないのか?

ゴマすり運動で地球の自転軸が動くと北極星もまわる

地球は一日で1回自転しています（厳密には23時間56分）。夜空に光る恒星は遠方にあるために、地球からみるとほとんど位置を変えません。地球が自転しているために、星は自転軸の周りを回転しているようにみえます。この自転軸の延長線上にたまたま北極星があるために、あたかも北極星を中心に星が回転しているようにみえるのです。

さて、それでは北極星は動くことはないのでしょうか？

実は、どんな星も宇宙の中で動きまわっています。これを**星の固有運動**と呼びます。我々の太陽も（太陽系も）、かなりの速度で銀河系の中を動いています。ただ、多くの星は遠くにあるために、その動きが地球からはみえません。

では、自転軸はどうでしょうか？

自転軸が動けば、その延長線上から北極星はズレるので北極星も回転をはじめます。地球も**角運動量保存則**という物理法則に従っているため、自転軸はそれほど大きく動くことはありません。ですが、わずかには動きます。

例えば、机の上でコマをまわしてよく観察してみてください。コマの回転の中心の軸をみていると、ゆっくりと回転していることがわかります。これが**歳差《さいさ》運動、別名ゴマすり運動**（**図1**、**図2**）です。

地球では、4万年という長い周期でわずかに歳差運動を行っています。確かに誤差といっても良いほどの量ですが、重箱の隅などと侮ってはいけません。「磁場の起源とその逆転〜」の項（16p）でも述べましたが、ミランコビッチが提唱した地球軌道離心率、自転軸傾斜角、歳差運動などによるわずかな量振動が気候を変動させるというモデルは、真剣に考えなければならない人類の未来に直結しているかもしれないのです。

図1　地球の自転と類似するコマの回転

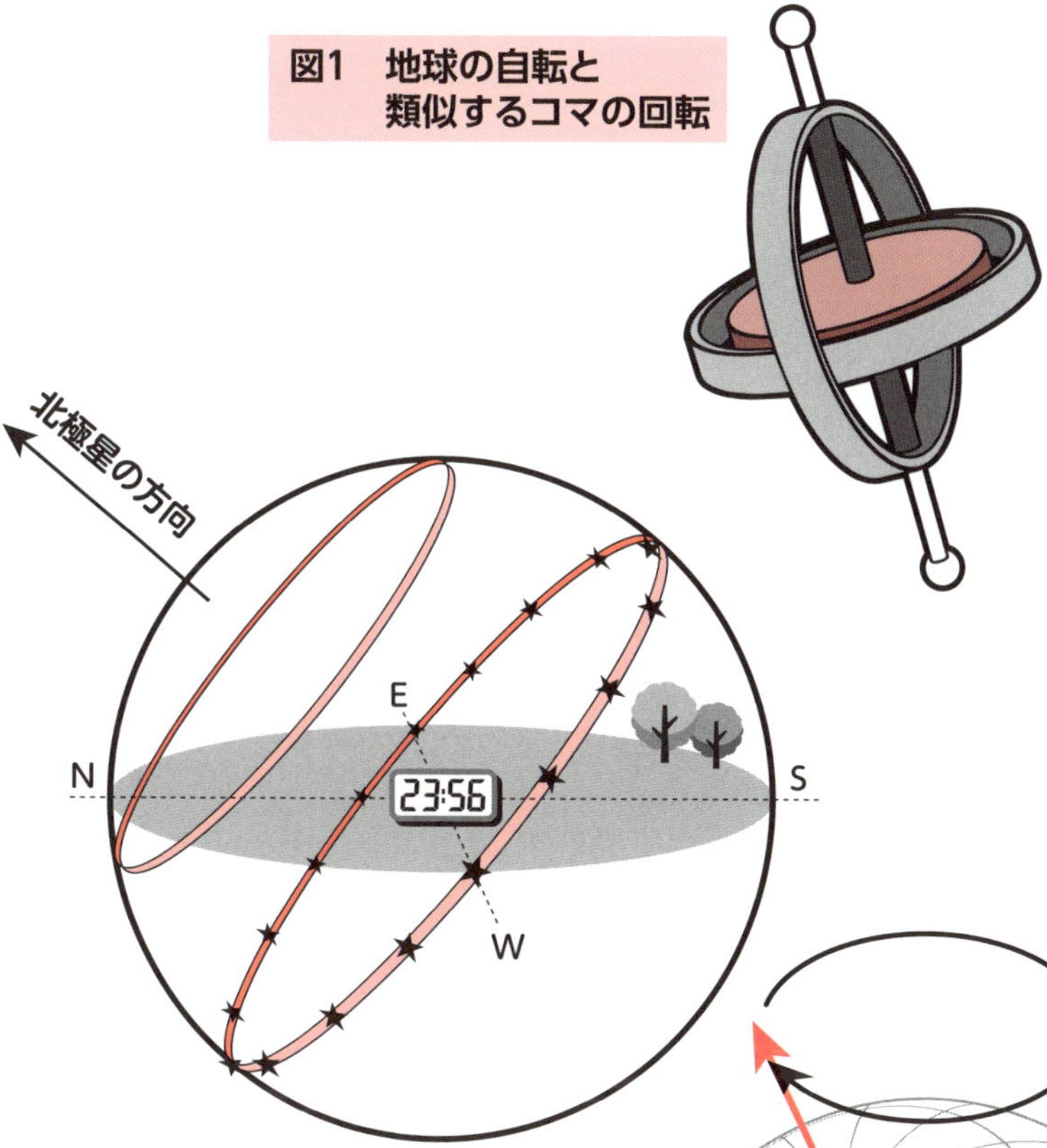
北極星の方向
N
S
E
W
23:56

図2　地球の歳差運動

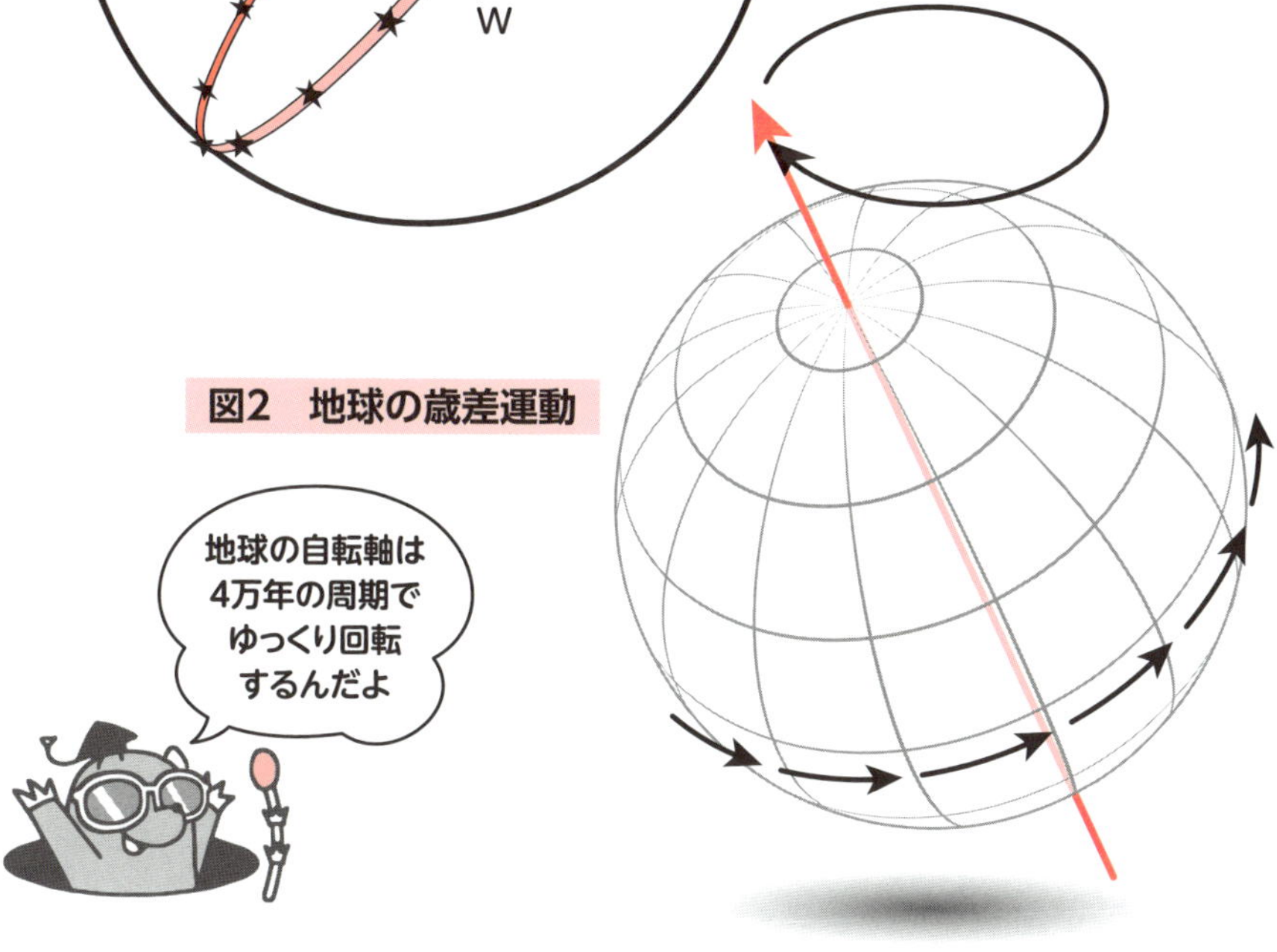
地球の自転軸は
4万年の周期で
ゆっくり回転
するんだよ

11

PART1 地球物理学

深海底の水圧と金星の気圧はほぼ同じ？

深海900mの深さに匹敵する金星地表の気圧

地球上で最も深い海はマリアナ海溝で、深さは1万920mもあります。**海底では、深さ1000mあたりで100気圧という圧力がかかっている**ので、マリアナ海溝では約1000気圧もの圧力がかかっていることになります。地球の地表では、0mで1気圧です。とすれば、深さ1000mの海底では、その100倍の圧力がかかっていることになります。当然ですが、この深さで生きている深海魚が海面まで上がって来ると、圧力が低いために死んでしまいます。

金星は、大きさは地球よりもやや小さいのですが、質量は地球の約0・82倍で、大きさも質量も密度も、太陽系の惑星の中では最も地球に近い地球の姉妹星です。ですが、金星の地表の気圧は0mで1気圧ではなく、**90気圧もの圧力がかかっているの**です。地球の海でいえば、深さ900mの深海底に相当する、ものすごい圧力です。

これは、地球の大気がチッ素と酸素からできているのに対して、**金星の大気が濃度の高い二酸化炭素（～96・5%）からできている**ためです。また、金星の地表温度は、地球の標準的な地表温度が25℃（平均気温は15℃）であるのに対して**約460℃**、灼熱の地獄です。このような環境下では、人類はもちろん生物はとても生きていけません。もちろん、液体の水からできている海も存在していません。

なぜ、このように地球と金星の表面は環境が違うのでしょうか？

金星が地球よりも太陽に近いということもあります。それもありますが、最も異なる要因は大気の組成です。近年、地球では大気中の二酸化炭素が増大したために地球温暖化が進行しているといわれています。二酸化炭素には熱を閉じ込めておく温室効果があります。**金星の大気は二酸化炭素からなるので温室効果が高い**（図1、図2）のです。

地球の自転周期は約24時間ですが、**金星の自転周期は243日ときわめておそい**のです。ですから、金星の片面は長時間にわたって太陽によって温められている。これらも金星の表面が高温であることの要因となっていると考えられています。

地表環境や自転速度の違い以外に、地球と金星の大きな違いとして挙げられるのが磁場です。地球にはきわめて強い双極子磁場がありますが、**金星の磁場は大変に弱い**のです。とすれば、金星の地表では方位磁石はあまり役立たないでしょう。

もっとも、金星の表面は深海底の圧力がかかる灼熱地獄ですから、人間がそこに降り立つことなど、ほとんど不可能ではありますが……。

図1　金星の雲

アメリカ航空宇宙局のエイムズ研究センターが打ち上げたパイオニア・ヴィーナス・オービターが、1979年2月紫外線画像で明らかにした金星の雲。

図2　地球型惑星の大気

金星の大気	地球の大気	火星の大気
二酸化炭素（96%）	チッ素（78%）	二酸化炭素（95%）
チッ素（3.5%）	酸素（21%）	チッ素（2.7%）
二酸化硫黄（0.015%）	アルゴン（0.9%）	アルゴン（1.6%）
	水蒸気（0.2%）	
90気圧　460℃	1気圧　15℃	0.006気圧　-50℃

PART1 地球物理学

12 夏と冬では太陽の高さが違うのはなぜか？

地球の自転軸が傾いているために南中高度が変化

自転している地球から地球以外の天体をみたとき、天体は東の地平線から上り、円弧を描きながら移動して西の地平線の下に沈むように天球上を動いていきます。**天球上で最も高い位置に上るのは、天球上の子午線を通過するとき**で、それを南中と呼んでいます。太陽も子午線上を通過するとき、その場所でみかけ上、空の一番高い位置に達します。

もし、**図1**に示すように地球の自転軸が地球の公転面に垂直だったとしたら、南中時の太陽の天球上の高さは一年中変化しません。ですが、実際には、地球の自転軸は公転面に垂直な方向から23・4度傾いています。このため、南中時にみえる太陽と地平線とのなす角度、すなわち、**南中高度は季節によって変化する**ことになります。

図2に、夏至、冬至、春分と秋分の地球からみえる太陽の方向の関係を示しました。**太陽が天頂を通過するのは、夏至は北緯23・4度上、冬至には南緯23・4度上、春分と秋分には赤道上の地点**になります。

では、私たちの住んでいる、日本での太陽の天球上の動きはどうなっているのでしょうか？

北緯36度縁辺に住んでいる人の場合を例に取ると、島根県、福井県、岐阜県、長野県、群馬県、埼玉県、千葉県、茨城県あたりです。

この人たちは、夏至の南中時には36度から23・4度を差し引いた値、すなわち、12・6度だけ天頂から南に傾いた方向に太陽がみえます。地平線から角度を測ると77・4度の高さになります。春分と秋分の日には、天頂から36度南に傾いたところ、地平線からは54度の高さ、冬至には天頂から36度＋23・4度になるので、59・4度南に傾いたところ、地平線から30・6度の高さまで上ります。

図3に季節の変化を模式的に示しました。**ある場所で、太陽が天頂にあるときに、その地点で受け取る単位面積あたりの太陽の放射エネルギーは最も大きくなります。**地表が受け取る太陽の放射エネルギーは、春分から夏至を経て秋分までは、北半球が南半球より大きく、秋分から冬至を経て春分に至るまでは、南半球が北半球より大きくなります。

図1　地球の自転軸が公転面に垂直と仮定した場合の太陽の位置

子午線とは北極と南極を縦に切断し、その切り口の地球表面にそった線のこと。経線と同じ。仮に地球の自転軸が、地球の公転面に垂直であったならば、南中時、天球上の太陽の高さは1年中変化しない。

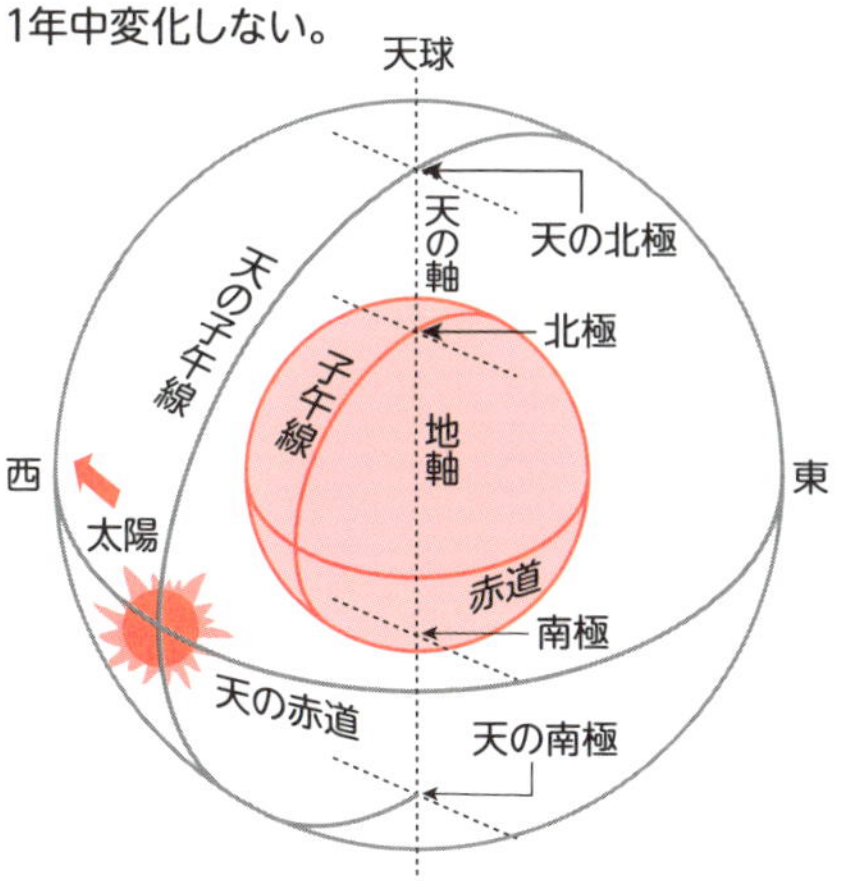

図2　地球を中心にした太陽のみえる方向の季節変化

夏至、冬至、春分・秋分時に地球からみえる太陽の方向。太陽の天頂通過時、夏至→北緯23・4°上、冬至→南緯23・4°上、春分・秋分→赤道上の地点。

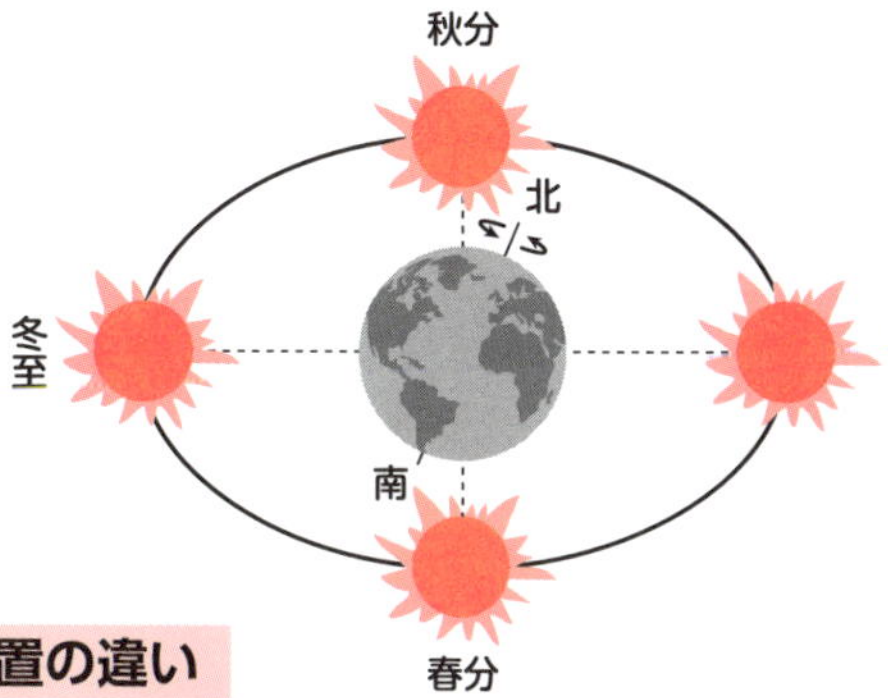

図3　季節の変化による太陽の位置の違い

太陽が一番高い位置に来る季節が夏至、中間が春分・秋分、一番低い位置に来る季節が冬至。

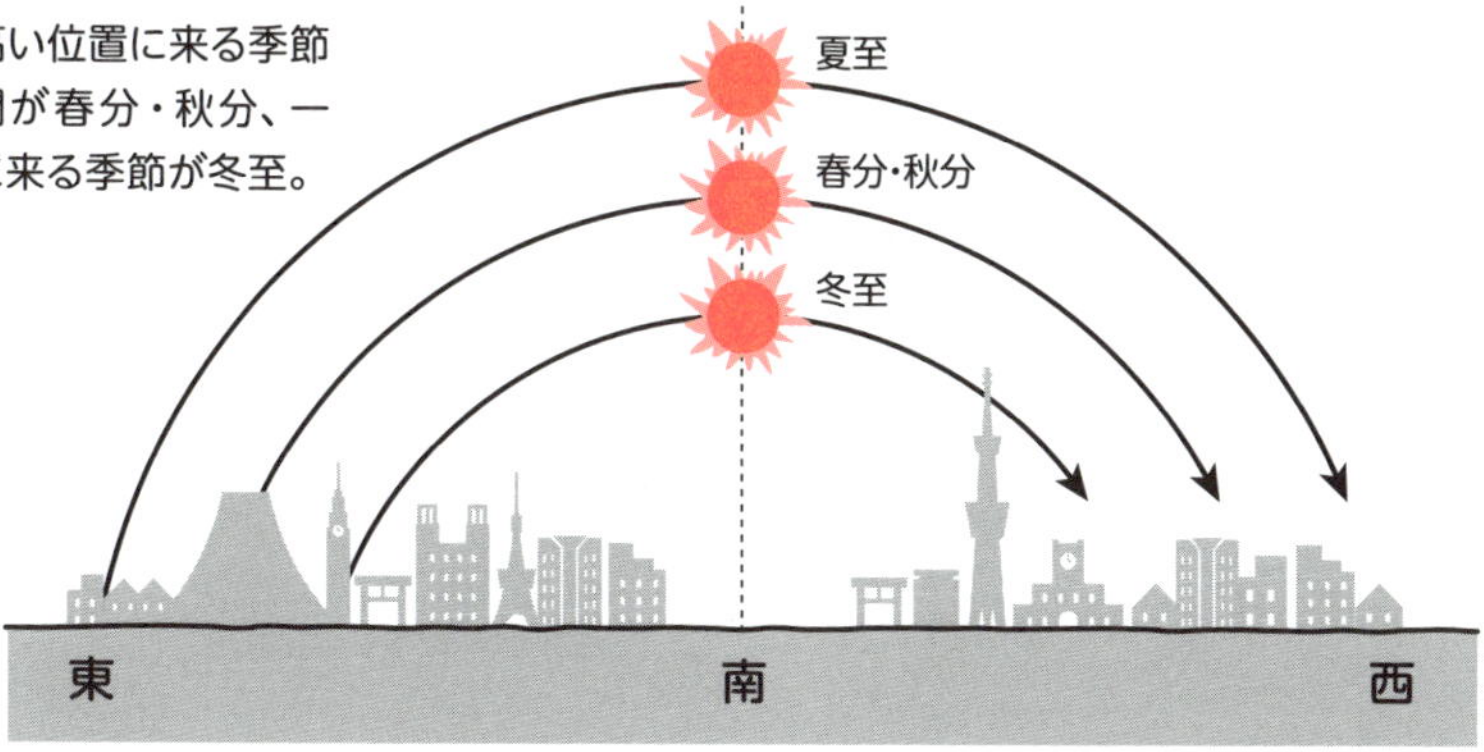

13 地震はどこで、なぜ起きるのか?

地震はプレート境界、月震は800㎞深部で起きる

物質には、気体、液体、固体の三つの姿があります。例えば、H_2Oは水蒸気、水、氷の3態です。固体と液体の違いは自分の形を持っているのか、どうかにあります。液体の水は自分の形を持たないために、コップにも鍋にもさまざまな容器に入れることができます。

一方、固体である氷は自分の形を持っているために自由に自分の形を変えられません。形を変えようと外から力を加えると自分の形を護るために抵抗します。さらに大きな力を加えても限界までは抵抗しますが、それ以上になると壊れてしまいます。これが破壊。**固体に特有な現象**です。

地震はこの破壊現象の一つです。先の例から地震・破壊が起きるためには、

●**硬い固体であること**

●**力が働くこと**

が必要です。

地球の内部は高温で柔らかく、液体に近い状態ですが、**表面付近は温度が低く硬い固体**（**図1**）です。したがって、地震は地球の表面付近にしか生じません。また、硬い表面付近は一枚の板として動いています。これをプレートと呼びます。

地球の表面は何枚ものプレートでできていて、互いに異なった方向に運動（**図2**）しています。プレート同士がふれあう境界では異なった方向の運動のつじつまを合わせようと力が生じます。その結果、**地震はプレートの境界で多く発生**します。この**プレートの運動に影響を与えているのが、マントルの運動・マントル対流**であると考えられています。

さて、このようなメカニズムとはまったく別の機構で地震が発生している場所があります。月の

内部、800kmあたりで起きている地震（深発月震と呼ぶ）です。大変小さいのですが、発生数は多く、それは2週間周期で起きます。
力の原因は地球の引力（潮汐力）です。月の引力が地球上での潮の満ち引きを引き起こし、地球の引力が月の内部の月震を引き起こしています。ですが、なぜ800kmと深部なのか、謎に満ちているのが月震の不思議なところです。

図1 地球の姿（スイカにたとえると…）

図2 プレート運動の模式図

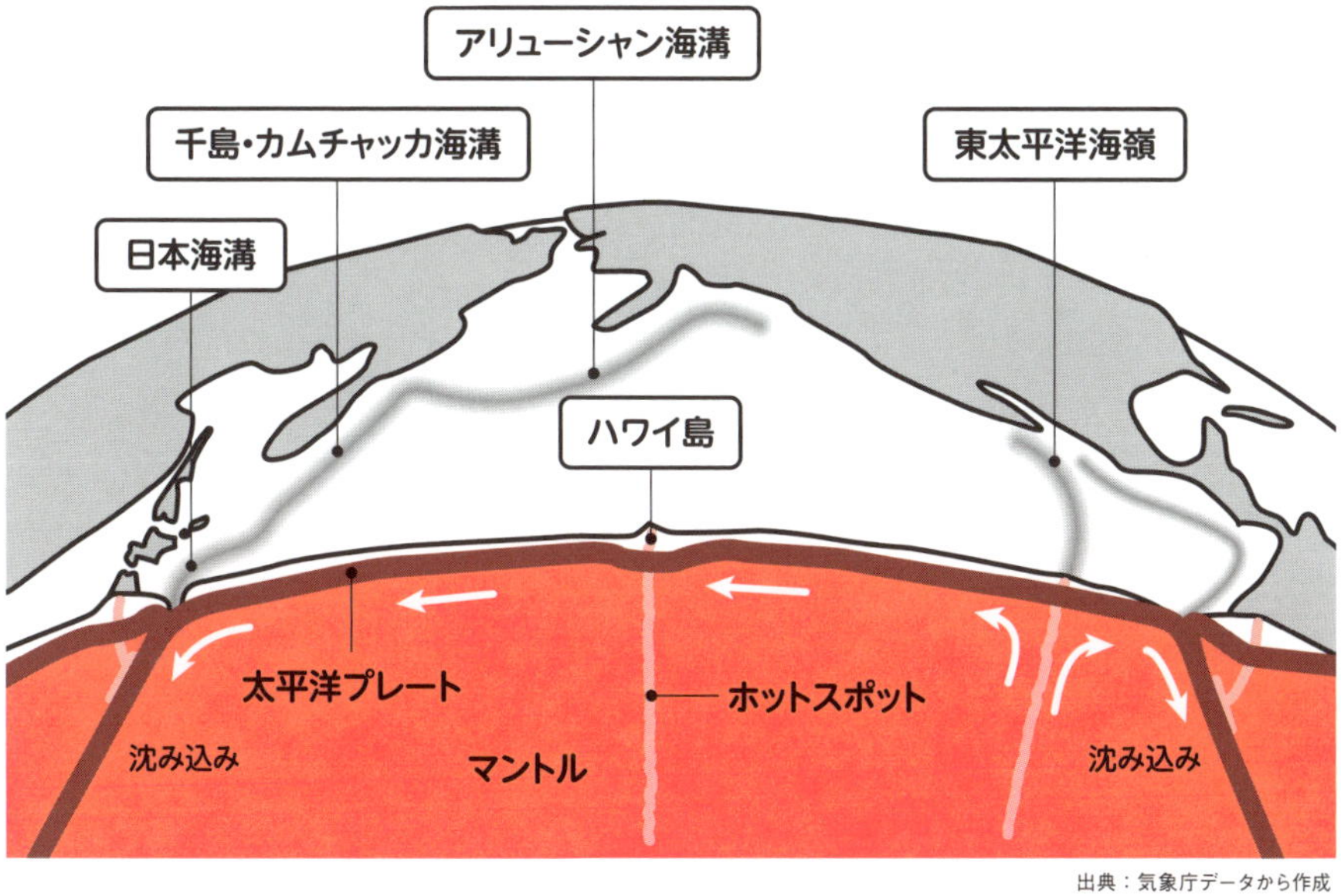

出典：気象庁データから作成

14 大地震の発生が予測される地域は？

地震は一度起きれば終わりではなく、何度も繰り返す

地震が起きるためには二つの条件が必要です。その場所が硬い固体であることと、力が働いていることです。**二つのプレートが接触している場所や沈み込み帯では、地震が最も多く発生**しています。太平洋プレートがユーラシアプレートなどの下に沈み込んでいる**アラスカ→カムチャッカ→千島→房総半島沖にかけては、特にマグニチュード8以上の巨大な地震が発生する場所として有名**です。

また、フィリピン海プレートが西南日本の下に沈み込んでいる南海トラフも巨大地震の発生場所です。中米から南米にかけての太平洋側の沈み込み帯も同様です。

プレートは、年に数センチの速度で動きつつ沈み込んでいるので、繰り返し地震が起きることになります。

歴史的な資料が豊富に残る西南日本で、この様子をみてみましょう。**図1は南海トラフで起きている過去の巨大地震**です。おおよそ100年から150年という間隔で、マグニチュード8クラス

図1　西南日本で発生した過去の大地震

684年	白鳳（天武）地震
887年	仁和地震
1096年	永長東海地震
1099年	康和南海地震
1361年	正平（康安）東海地震・南海地震
1498年	明応地震
1605年	慶長地震
1707年	宝永地震
1854年	安政東海地震・安政南海地震
1944年	昭和東南海地震
1946年	昭和南海地震

図2 政府地震調査委員会公表の海溝型地震の長期評価

(2019年2月26日)

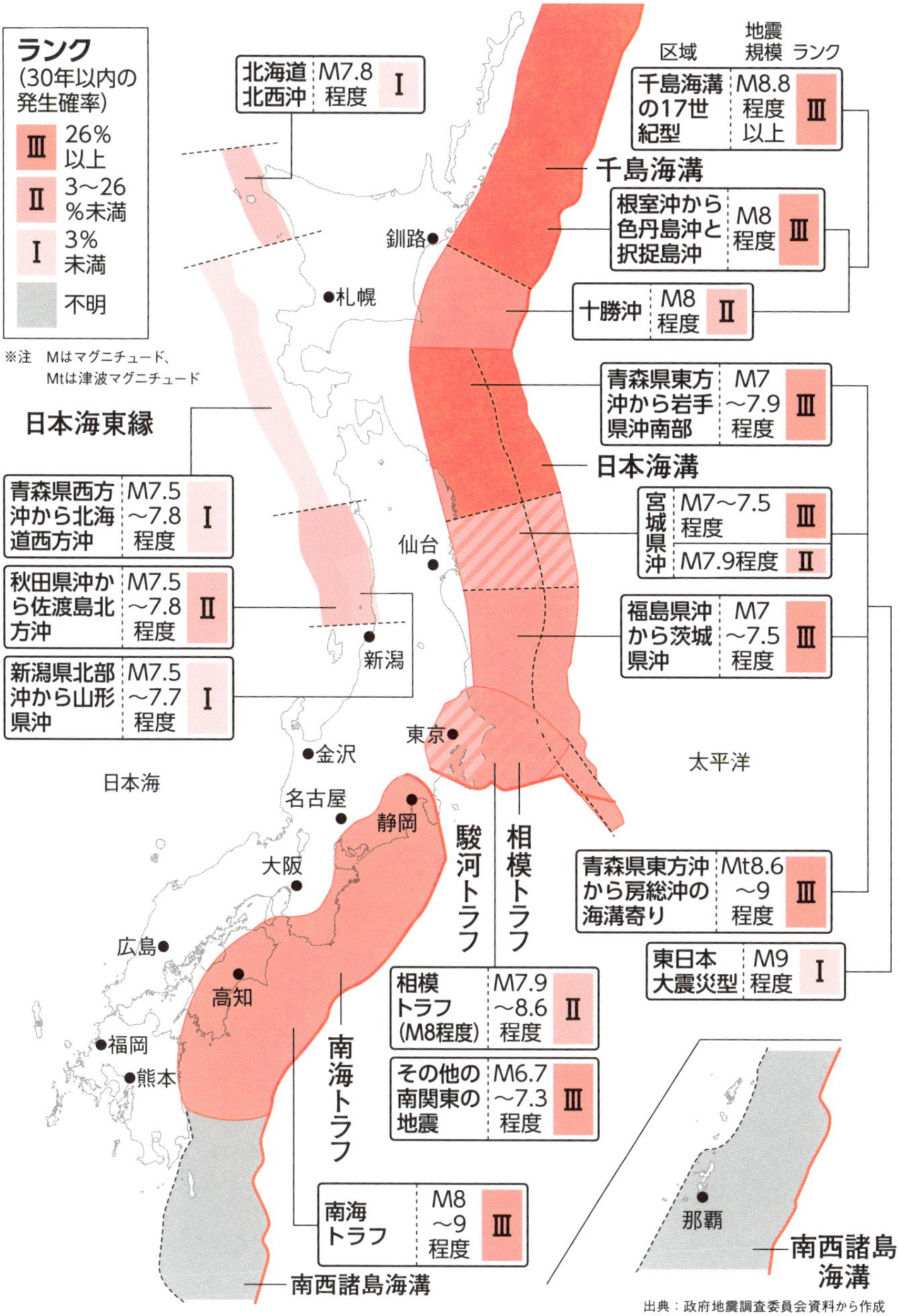

出典：政府地震調査委員会資料から作成

の地震が起きています。このため、南海トラフに沿う地域が将来の地震発生地域として注目されているのです。

　地震は起きてしまえば力が解放されて終わり、というわけではなく、繰り返すものだと肝に銘じておかなければなりません。西南日本には多くの歴史資料が残されているため、このような振る舞いが明らかにされましたが、ほかの地域では残念ながらよくわかっていないところが多いのが現状です。ですが、1995年の阪神・淡路大震災（M7・3）、2011年の東日本大震災（M9・0）、2016年の熊本地震（M7・3）は、その被害のすさまじさがリアルタイムで伝わり、日本中を震撼させました。

　そして、2019年2月26日、政府地震調査委員会が、これまでの将来起こる地震発生の確率見直しを公表したのです。その骨子は、青森県東北沖から房総沖の日本海溝で大地震の起きる確率を高く予測したものでした。**図2**にその予想図を示しました。

　ともあれ、このように研究者たちは、地層に残された津波の痕跡などを手がかりに、過去と現在と将来をつなぐ研究を進めているのです。

地震が発生する主なプレート境界地帯

プレート内部で発生する地震もあるが、主に発生する場所はプレートとプレートの接しているところ。太めのラインの部分に頻発する。

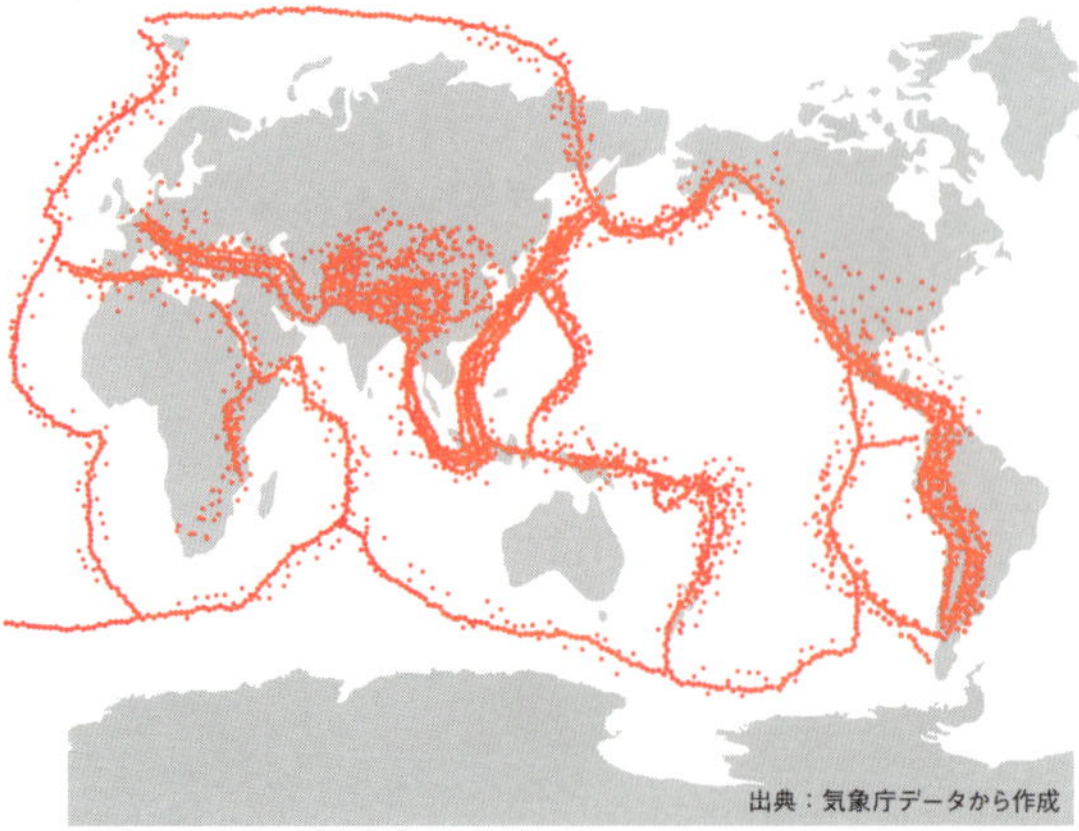
出典：気象庁データから作成

PART 2

火山学

01

PART2 火山学

マグマとはいったい何だろう?

ケイ酸成分で4分類されるマグマ

ハワイの火山噴火の映像などでは、灼熱した融《と》けた岩石が流れているのがみられます。この融けた岩石は、よくみると一部が冷えて固まっており、こうしたものは溶岩と呼ばれます。これに対して、マグマとは、**地下の冷えて固まっていない高温の融けた岩石のこと**をいいます。**マグマの温度は700℃から1200℃**もの高温になります。

では、このマグマはいったいどのようにしてできたのでしょうか?

圧力が同じなら、温度が高くなると熱エネルギーをもらった原子が激しく振動するようになり、化学結合を切るので岩石は融けます。岩石の融ける温度は圧力がかかるほど高くなります。圧力がかかると周りから押さえつけられるので、原子がバラバラになりにくくなるためです。同じ温度でも圧力が下がると押さえつけていた力から解放されてバラバラになるので、やはり融けます。

一方、水が加わると水が原子の化学結合を切るので融けやすくなり、低い温度でも岩石は融けます。岩石が融けてマグマができる条件は、

①圧力が同じで温度が上昇する
②温度が同じで圧力が下がる
③水が加わる

の3種類です(**図1**)。

水は、1気圧ならば0℃で固体の氷が融けて液体の水となりますが、ケイ酸塩からできている岩石の融ける温度は700℃から1000℃以上ときわめて高いため、マグマの温度は高温なのです。

地球内部のマントルは対流していますが、あまり温度が下がらない状態でマントル対流が上昇してくると、高温のまま圧力が下がるため、やがてマントルの岩石は融けてマグマができます。高温

のマントルに水が加わっても、マントルの岩石が融けてマグマができます。こうしてできたマグマが上昇し、その熱で地殻の岩石を融かしてもマグマができるし、マントルに沈み込んだ地殻が融けてもマグマになります。

マグマは液体なので、固体の岩石よりは密度が小さく、浮力で地表に向かって上昇します。マグマには水や二酸化炭素などの火山ガス成分が多く含まれており、マグマが地表に噴出する際に、大気圏にこうした火山ガス成分を供給します。

ところで、マグマはそのケイ酸成分で、次のように分類されます。

①ケイ酸成分（SiO_2量）が45〜52重量%のものを玄武岩質マグマ
②53〜62重量%のものを安山岩質マグマ
③63〜69重量%のものをデイサイト質マグマ
④70重量%以上のものを流紋岩質マグマ

と呼びます。

図1　岩石（鉱物）が融けてマグマに変わる

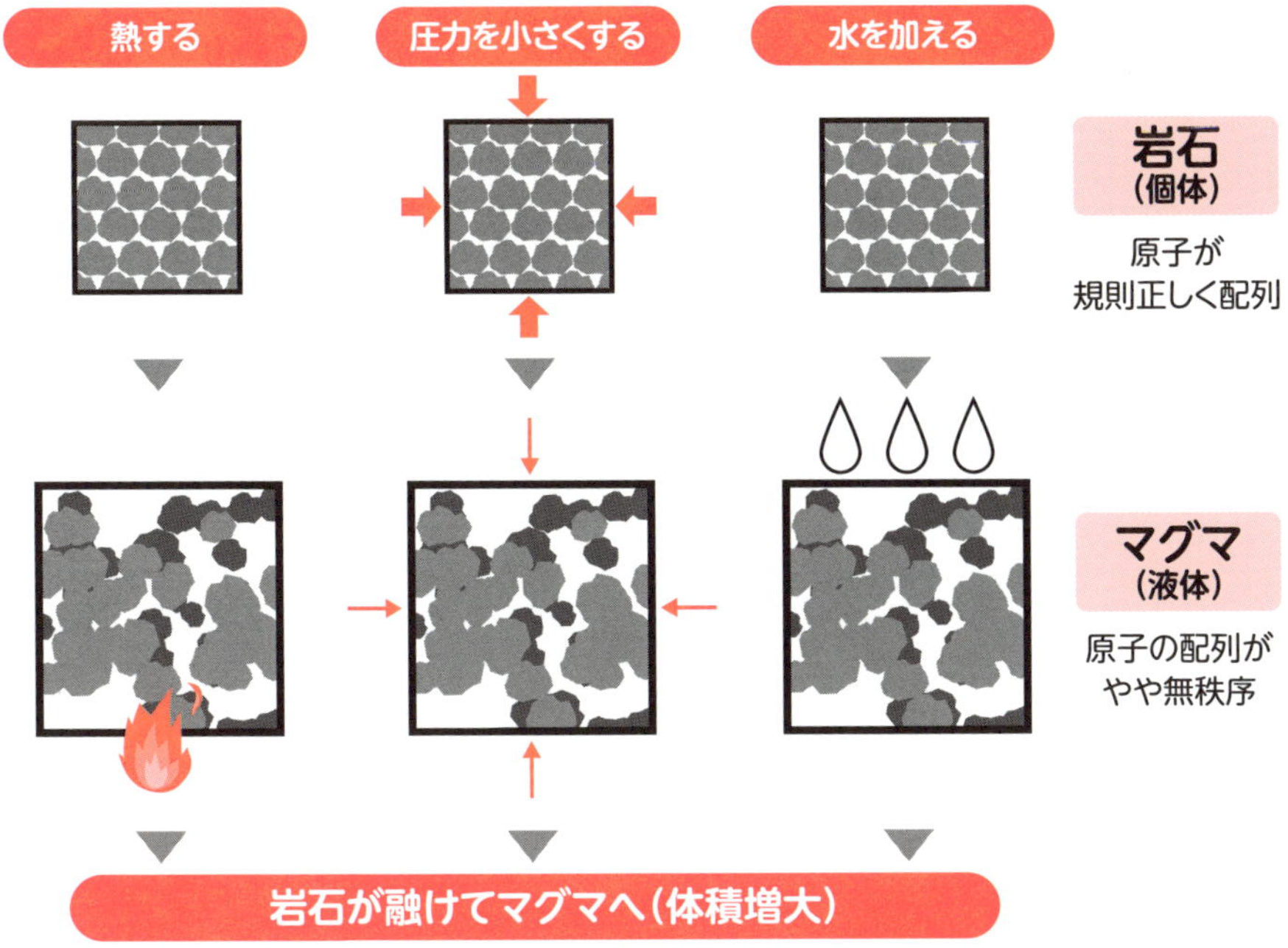

02

PART2 火山学

火山噴火はどんなしくみで起きるのか？

噴火は優勝祝勝会のビール掛けと同じ発泡だ

素朴な疑問です。どうして火山は噴火するのでしょうか？

身近なものでも不思議議があります。例えば、プロ野球の優勝祝勝会などで、選手がビールをよく振ってから一気に栓《せん》を抜くと、泡立ったビールが勢いよく飛び出してくる光景をよく目にします。ビールに限らず、シャンパンやサイダーなどの発泡酒や炭酸飲料はみな同じです。それらは栓を抜く前は発泡していないのに、どうして栓を抜くと発泡する（**図1**）のでしょうか？

この理屈を考えてみます。圧力を高くすると水の中に二酸化炭素が多量に溶け込みますが、圧力を下げてやると溶け込めなくなり、気体となって出てきます。それが発泡現象です。

発泡が起こるのは、水への二酸化炭素の溶解度が、圧力が減少するにつれて小さくなるためです。炭酸飲料では、圧力をかけて二酸化炭素を溶け込ませてあります。栓を抜くと圧力が1気圧まで下がる、そこで発泡が始まるという理屈なのです。

実は、火山の噴火もこれと同じです。**高圧下にあるマグマ中には水を中心とした火山ガス成分が数重量%以上溶け込んでいます。何らかの原因でマグマ溜りの圧力が低下すると、マグマの発泡が始まります。**圧力低下の程度が大きいほど激しく発泡するわけですが、発泡したマグマは大量の気泡を含むのでみかけの密度が低下し、**軽くなってさらに発泡しながら上昇する**のです。

マグマの粘り気が弱くてサラサラしているときは、気泡はすみやかに抜けていくので**穏やかな噴火**となります。ところが、マグマの粘り気が強くてネバネバしていると、気泡が成長し、気泡同士が合体したりして、マグマ中に火山ガスが溜りま

図1　圧力ドロップによる発泡

シャンパンの発泡と火山噴火は、圧力が下がることで噴出する原理が同じ

す。十分に溜まった火山ガスはやがて爆発し、**激しい噴火**が起こります。

マグマの粘り気は、マグマの珪酸成分の量と温度で決まります。**ケイ酸成分が多いほど、また温度が低いほど、マグマの粘り気は増大します。**

つまり、ケイ酸成分が乏しくて温度の高い玄武岩質マグマよりも、ケイ酸成分に富み温度の低い安山岩質やデイサイト質、流紋岩質マグマのほうが粘り気は強く、爆発的な噴火を行う傾向があるということです。

日本列島はそこかしこの火山が噴火する火山列島だ

03

PART2 火山学

環太平洋にはなぜ火山が多いのか？

マグマはプレートの沈み込みによってつくられる

日本列島は火山列島です。火山の出現する場所をたどっていくと、北海道からは千島列島をとおりカムチャツカ半島にいたります。さらに、アリューシャン列島からアラスカをとおり、アメリカ合衆国西部のカスケード山脈に達します。アメリカ合衆国西部からは、さらにメキシコをとおり、中央アメリカから南アメリカの太平洋沿岸にまで出現します。九州からたどると、琉球列島をとおり、台湾を経てフィリッピンにいたります。このように火山は環太平洋地域に多くみられます。

実は、厳密にいうと、環太平洋といっても、**火山列は太平洋縁辺の海溝にそって分布している**（**図1**）のです。太平洋のそばでも、海溝のない場所には火山列はみられません。海溝はプレートの沈み込む場所ですから、こうした**火山はプレート沈み込みと関係してできた**といえます。

では、どうしてプレートが沈み込む場所でマグマができるのでしょうか？

冷えて重くなったプレートが沈み込んでいく場所は、冷たい対流の下降部に相当します。したがって、そのような場所で熱いマグマが生成されることは考えにくい。なのに、どうしてそこでマグマが生成されるのでしょうか？

冷たいプレートが沈み込むと、プレートの上部のマントルがプレートに引きずられていっしょに沈んでいきます。すると、それを埋めるようにマントル深部から高温のマントルが上昇してきます。これを**補償流**とか**反転流**と呼びます。

さらに、海水と長い間接してきたために水を含んでいる沈み込んだプレートの上面からは、**脱水した水が上昇**し、上位にある高温のマントルに供給され、**マントルが融けやすく**なります。これが、沈み込みプレート境界でマグマが形成されるメカニズムと考えられています（**図2**）。

一方、熱いプレートが沈み込む場合には、プレート最上位にある**玄武岩質の海洋地殻が融けてマグマが形成される**こともあるのです。

図2　マグマが形成されるメカニズム

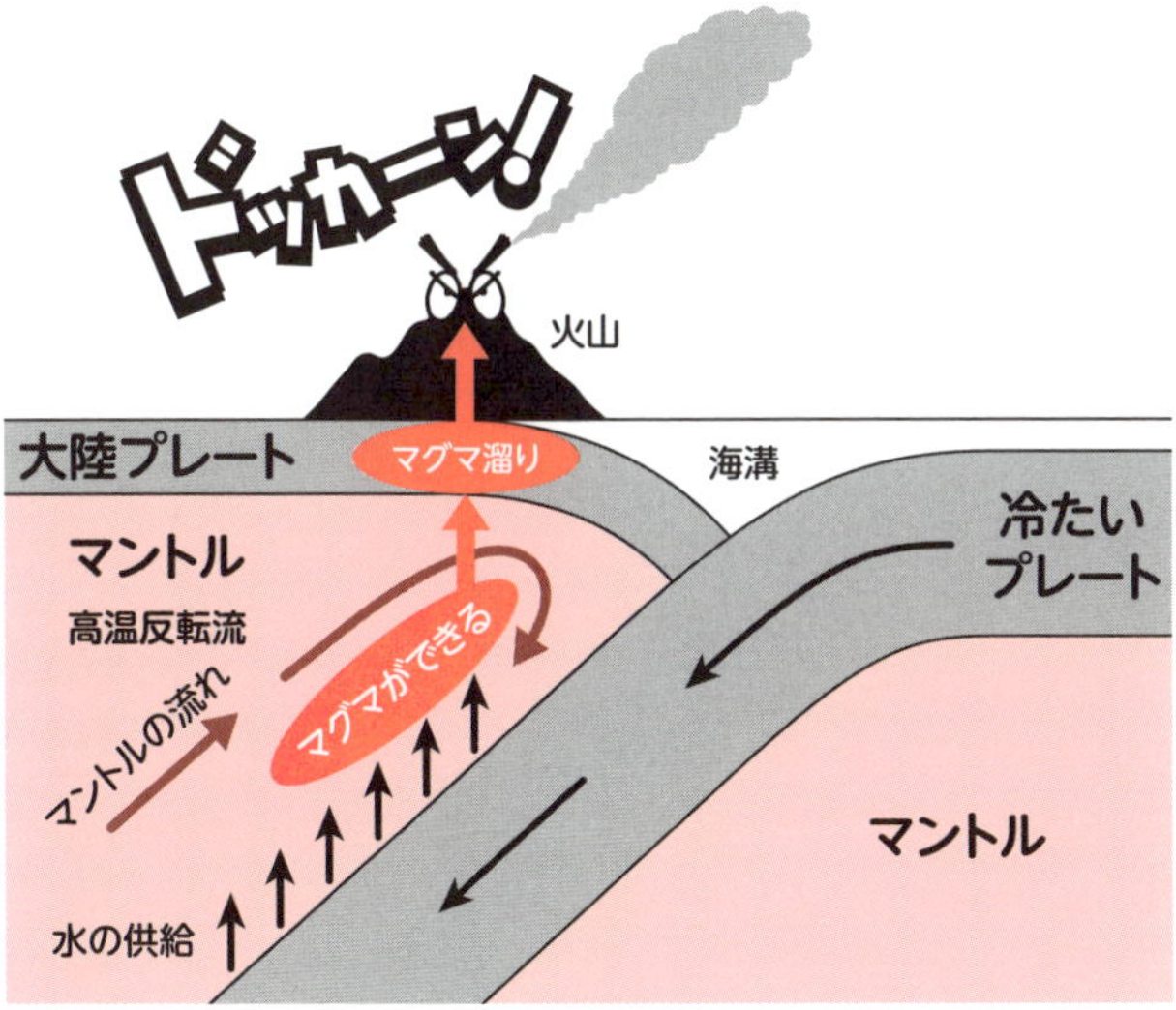

図1　太平洋縁辺の海溝にそって分布する火山

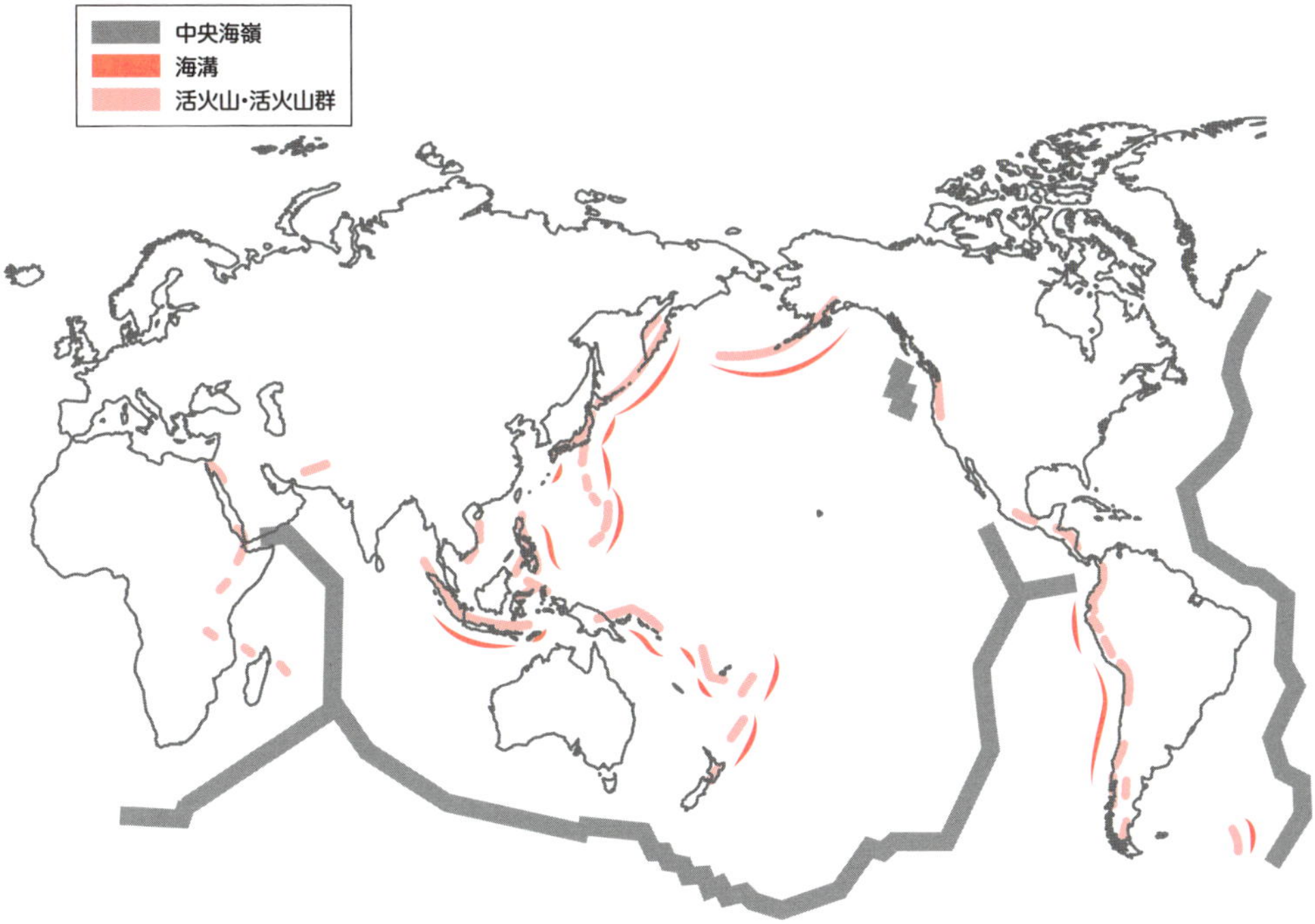

04 富士山はなぜそこにあるのか？

三つのプレートがせめぎ合うところに立つ富士山

10万年前に生まれた富士山は、日本一の高さ（3776m）を誇る**日本列島で最大の若い活火山**です。これまでに700㎦を超える大量のマグマを噴出してきました。しかも、日本列島の火山の大部分が安山岩からなるのに対して、**富士山はまったく異なる玄武岩からできている**のです。

考えれば考えるほど、富士山はユニークで不思議な火山です。どうして富士山はこのように大量の玄武岩マグマを短期間に噴出できたのでしょうか？　また、どうして富士山のような巨大な火山がそこにあるのでしょうか？

富士山のそびえている場所をみてみましょう（**図1**）。富士山の南には駿河湾がありますが、駿河湾には富士山に向かってのびる深い海底谷があって、**駿河トラフ**（トラフとは底の平たい溝のこと）と呼ばれています。駿河トラフは富士川河口付近に上陸しますが、そこには**富士川河口断層という活断層が発達**しています。この断層の延長は富士山の下を通って、箱根山と丹沢山地の間の酒匂川の谷付近にある**神縄《かんなわ》断層**に続きます。

神縄断層は、酒匂川が足柄平野に入ると、足柄平野の東の大礒丘陵の山麓の活断層である**国府《こう》津《づ》・松田断層**に続きます。この断層は国府津付近で相模湾に入りますが、その先には深い海底谷である**相模トラフ**が南東に向かってのびています。

この駿河トラフ、神縄断層、国府津・松田断層、相模トラフで囲まれた領域は、箱根山や伊豆半島を含む**フィリピン海プレート**にほぼ相当しています。それだけではなく、駿河トラフからは、フィリピン海プレートが西に向かって**ユーラシアプレート**の下へ沈み込んでいます。さらにまた、国府津・松田断層と相模トラフからは、フィリピン海プレートが北東に向かって**北アメリカプレート**の下へ沈み込んでおり、東京や関東地方の下まで到達しています。そして、神縄断層付近では、フィリピン海プレートは北アメリカプレートと**衝突しています。**

富士山の下にはフィリピン海プレートが西方に沈み込んでいるのですが、フィリピン海プレートの北端はユーラシアプレートと衝突して癒着し、鋲《びょう》で止めたように固定されています。そのため、フィリピン海プレートの西方への沈み込みによる引っ張りの歪みは、どこかで解消される必要があるわけです。

そのしくみは、富士山の下へは深部からマグマが上昇してきているのですが、高温で弱くなっているため、そこが裂けて割れ目ができることでこの歪みを解消しているものと思われます。つまり、**富士山の下のフィリピン海プレートには裂け目があり**、しかも、その裂け目はフィリピン海プレートが西方に沈み込むたびに拡大を続けるというわけです。

図1　富士山は特殊な場所にそびえる

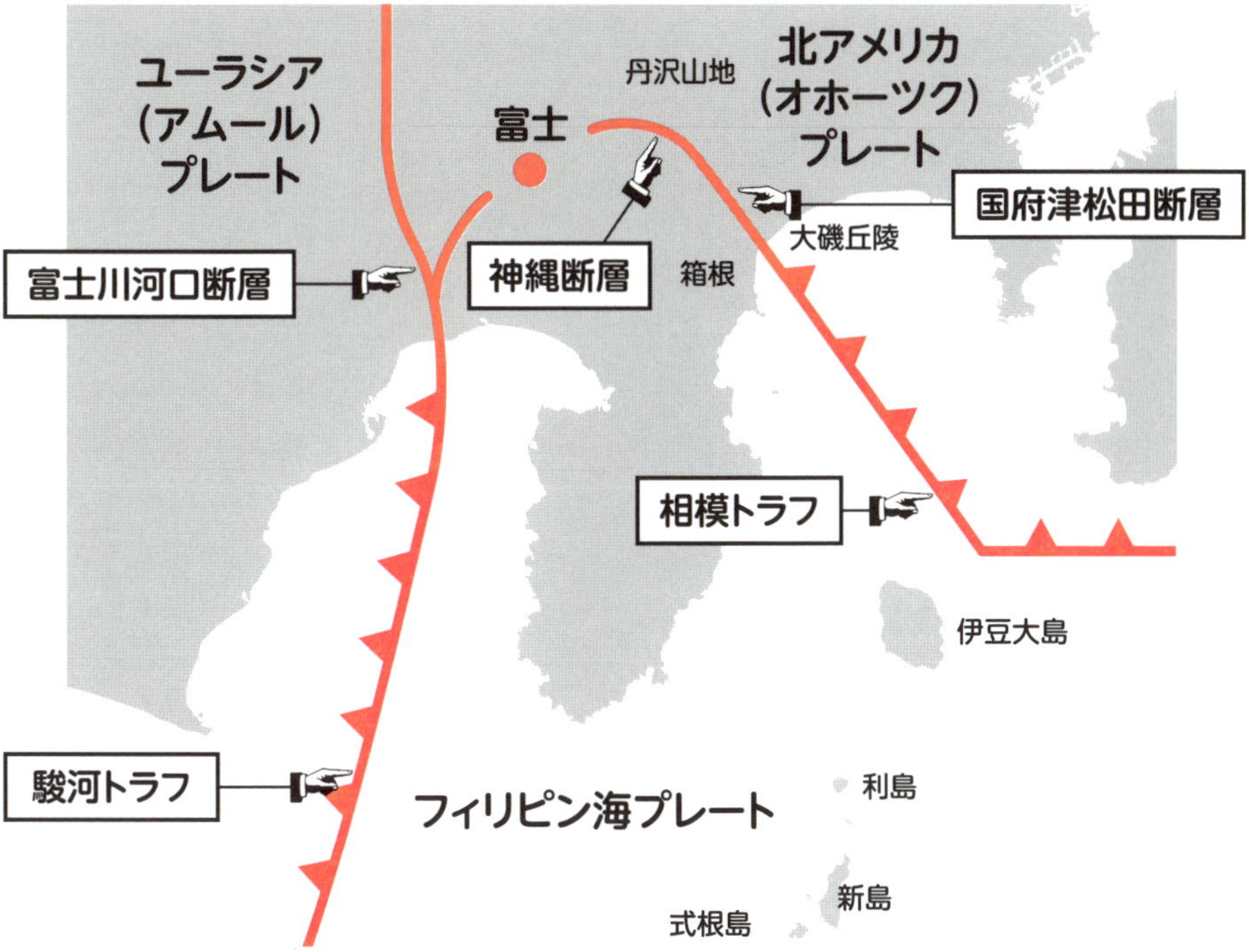

どうやら、この裂け目に向かって大量の玄武岩質マグマが上昇し、富士山に大量のマグマを供給しているらしいのです（**図2**）。こうした深部の裂け目は、地震波の解析や地下の電気抵抗の観測などによって、その存在が明らかにされています。

富士山がどこにでもあるわけではなく、現在の場所にしかない理由がわかったでしょうか？

図2　富士山のマグマ供給メカニズム

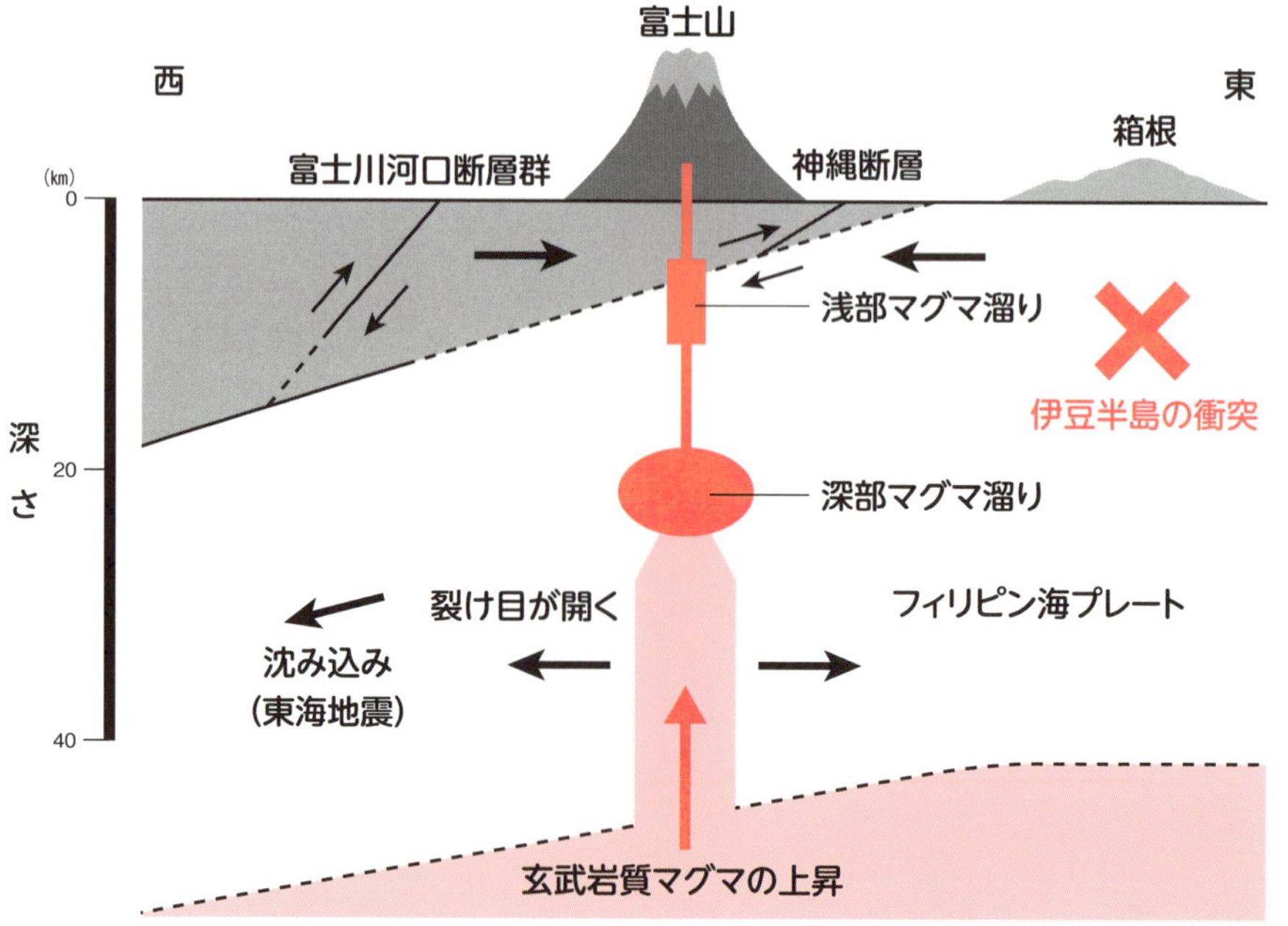

05 富士山が噴火するのはいつなのか？

PART2 火山学

宝永噴火に匹敵する噴火があれば首都圏は大災害

富士山はいつ噴火しますか？

これはよくある質問です。ですが、正確に答えるのは非常に難しいのです。まず、火山の噴火を予測する方法には、短期的な直前予測と長期的な予測があることを知っておいてください。

マグマは高温の粘り気のある流体です。マグマが地下の通り道（火道という）を押し開きながら上昇してくると、周辺の岩石が破壊されて地震が起こります。そのうえマグマが上昇してくると、マグマに押されて火山体が隆起します。

マグマは高温の流体なので、地下の電気抵抗が小さくなります。マグマが上昇してくると質量が増えるので重力が変化するほか、マグマからは二酸化硫黄などの火山ガス成分が放出されるため、その濃度が増大します（**図1**）。

こうした現象を観測していれば、マグマが上昇

図1　火山噴火前の現象変化

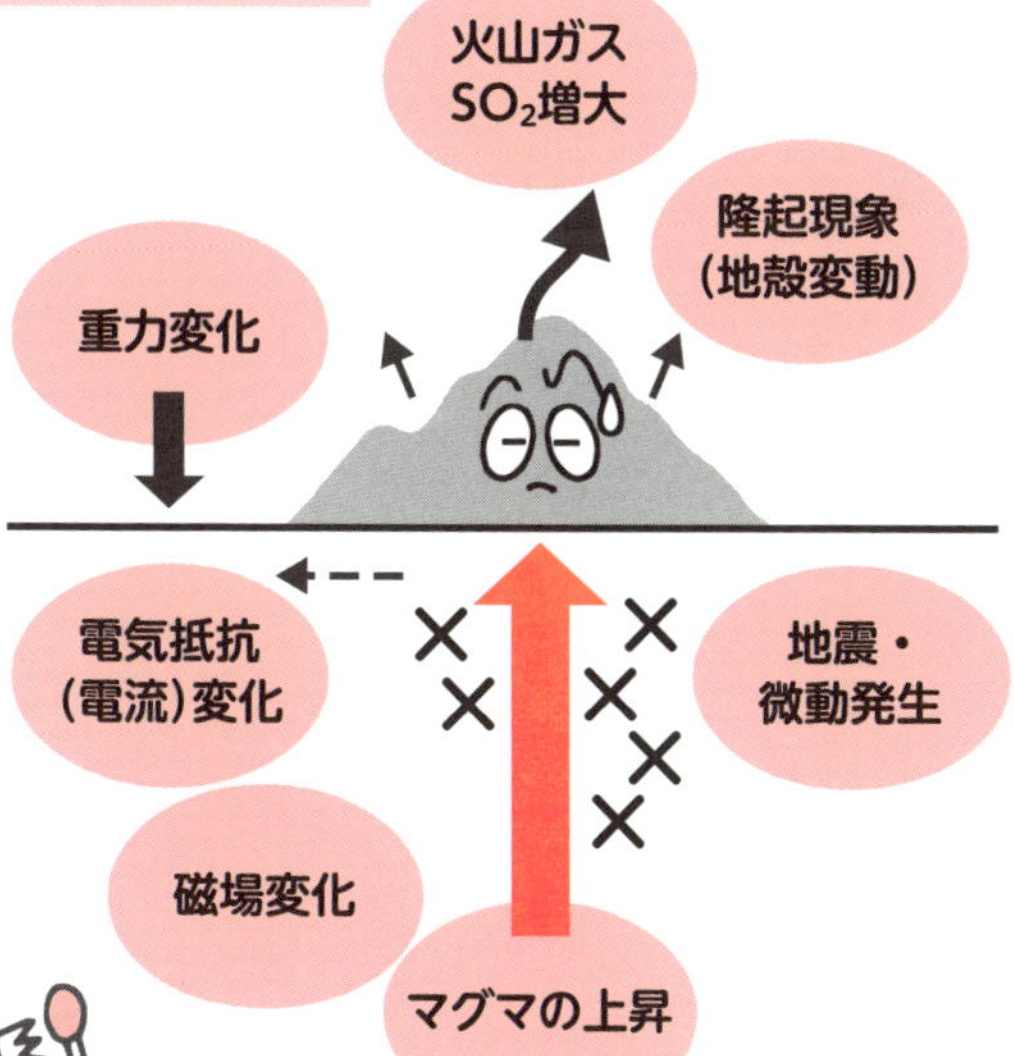

してくることを予測できます。**マグマが上昇してくる噴火直前の予測は、こうした観測によってある程度は可能**です。

さて、富士山での観測ということでは、多数の観測機器が設置されています。ですので、**噴火直前の短期的予測は可能**と思われます。その意味で実例を調べると、1707年の宝永噴火では、噴火の数か月前から有感の群発地震が頻発していたことが記録に残っています。

それでは、短期的予測ではなく、長期的予測は可能なのでしょうか?

噴火が規則正しく起きている場合には、噴火の長期的予測はある程度までできます。例えば、三宅島火山では、1963年噴火の20年後の1983年に噴火が起きました。次の噴火は17年後の2000年に起こったので、その噴火間隔は20~17年です。したがって、今度の噴火は2017~2020年ごろということになりますが、さて本当に三宅島火山は噴火するかどうかは、1~2年後に答えが出るわけです。

これに対して、噴火間隔が不規則な場合には、噴火の長期予測も難しくなります。富士山では781年から1083年までの300年間、30~70年ほどの間隔で噴火が繰り返されていました。

ところが、1083年から1435年までは、350年ほど噴火がなく、その後、1511年に噴火してから宝永噴火の1707年までの200年ほど噴火がみられませんでした。

このように、**富士山の噴火は不規則なので、次にいつごろ噴火するかの予測は大変に難しい**のです。もしかしたら明日噴火するかもしれないし、これからも長期にわたって噴火しないかもしれません。

宝永噴火は大規模な爆発的噴火で、大量の火山灰を噴き上げて、江戸でも4㎝ほど火山灰が積もりました（**図2**）が、当時の神奈川県はそのほとんどがもっと厚い火山灰でおおわれてしまいました。しかも、噴火は半月余りも続いたのです。これに対して、活発に噴火していた平安時代には、噴火はすべて溶岩を流出する穏やかなものでした。

富士山の次の噴火が宝永噴火のような爆発的噴火なのか、それとも平安時代のように穏やかな噴火になるのかはよくわかりません。どちらもその可能性があります。

しかし、もし宝永噴火のような爆発的噴火が起きた場合には、東京をはじめとする首都圏は、2週間余りにもわたって甚大な火山灰災害を被る可能性があります。

その可能性を考慮し、政府も各自治体も、そして私たちも、富士山噴火に対する対策と準備は、はたしてできているのでしょうか？

図2　富士山宝永噴火（1707年12月）の降灰分布

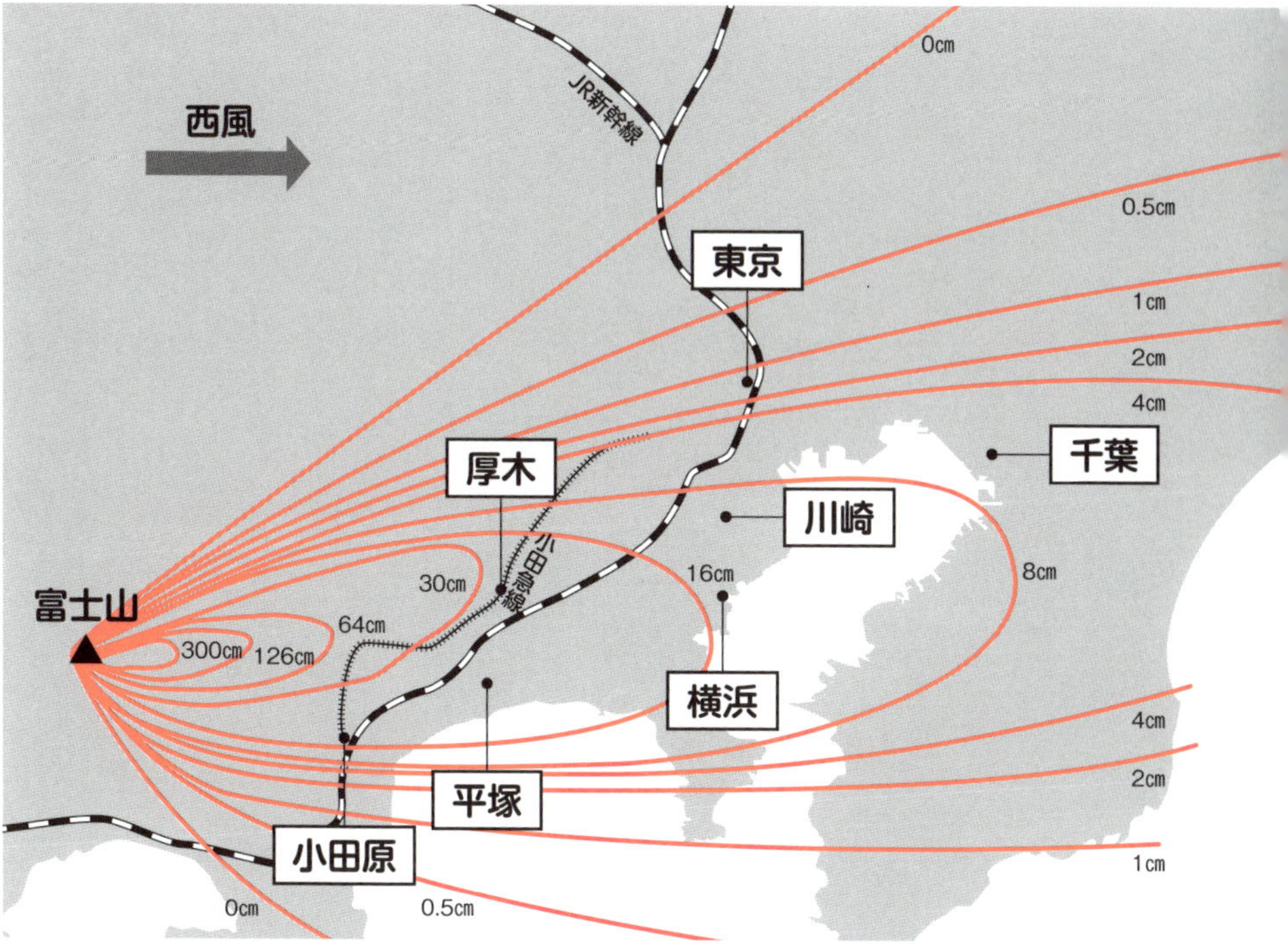

PART2 火山学

06 カルデラとはいったいどんなものか?

大きな鍋になぞらえた巨大な陥没口がカルデラだ

よく知られているように、火山の山頂には穴が開いており、それは火口と呼ばれています。火口は火山性の凹地形です。**火口よりも大きな、直径が2㎞以上の火山性凹地形のことをカルデラと呼びます**。カルデラとは大きな鍋の謂《いい》です。

カルデラ自体は地形的な呼び名ですので、その成因はさまざまです。侵食でできたり、山体崩壊でできたりもします。ですが、**大型のカルデラの場合には、大規模な噴火が起きて地下のマグマ溜りからマグマが大量に抜け出すため、その上部の天井が陥没してできた陥没カルデラ(図1)であることが普通**です。巨大な陥没口というわけです。

三宅島火山の2000年噴火のときには、地下のマグマ溜りから水平方向にマグマが逃げ出してしまい、支えを失ったマグマ溜りの天井が崩落しました。その結果、山頂火口付近が1か月半ほどかけてゆっくりと大きく陥没し、目の前で小型のカルデラが生まれる様子をみることができました。

大型のカルデラは北海道周辺と中南部九州にしかみられません(図2)。北海道周辺では、摩周、屈斜路、阿寒、支笏、洞爺、十和田などがあります。中南部九州では、阿蘇、加久藤《かくとう》、小林、姶良《あいら》、阿多、鬼界などがあります。現在、そのほとんどは風光明媚な観光地となっています。これらの大型カルデラの大きさは、最大のものでも、長径が30㎞を超えることはありません。

首都圏では箱根カルデラが有名です。箱根カルデラは1回の破局噴火(54p参照)でできたものではなく、火山灰噴出量10㎦程度の噴火が何回かあってできた小型のカルデラが、その後の侵食によってつながり、さらに広がったものです。最新のカルデラ噴火は6万5000年前ごろに起きており、火砕流は神奈川県をほぼおおい、東京付近も厚さ20㎝余りの東京軽石によっておおわれてしまったことがわかっています。噴出口は、箱根登山鉄道の終点に当たる強羅付近で、地下にはそのときのカルデラが埋没しているのです。

地球上にはとんでもなく大きなカルデラもあります。**最大のものはインドネシア・スマトラ島のトバカルデラ**で、長径が100㎞もあります。また、アメリカ合衆国西部のイエローストーンカルデラは、長径が70㎞ほどあります。それぞれ2800㎦と1000㎦という膨大な量のマグマを噴出したことでできたものです。こうしたカルデラ火山は、**スーパーボルケイノ**と呼ばれています。

図1　陥没カルデラ

図2　九州と北海道に多い日本の巨大カルデラ

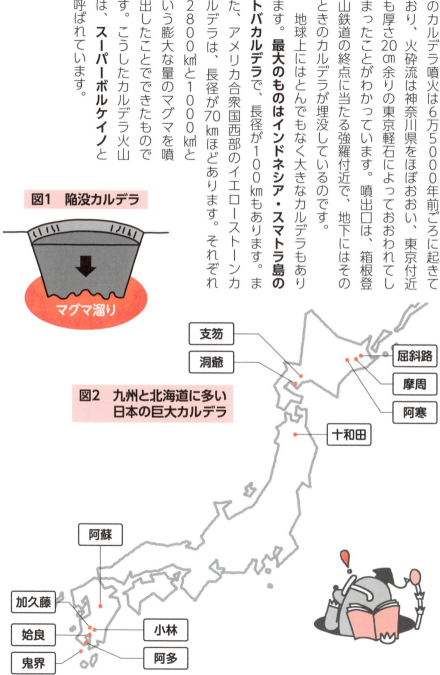

PART2 火山学

07 日本を襲う次の破局噴火はいつ起きる？

日本に襲い来る破局噴火はカウントダウンに入った

破局噴火とは100㎦以上の大量の火山灰を一度に噴出する噴火のことをいいます。日本列島で破局噴火が起きたのは、ここ12万年間に10回ほどです。およそ1万年に1回といった頻度です。

破局噴火が起きると大型カルデラができますが、**最近50万年間に噴火した大型カルデラ火山は、中南部九州と十和田以北・北海道**に限られています。関東から関西にいたる本州の中心部にはカルデラ火山はありません。箱根火山はカルデラ火山ですが、破局噴火といえるような大規模噴火は起きていません。

日本列島では、上空に偏西風が吹いているため噴煙は東に流されます。したがって、本州が噴煙からの火山灰の被害を受けるのは、中南部九州で起きる破局噴火です。

2万9000年前に鹿児島湾の姶良カルデラで起きた破局噴火（**図1**）では、地面を這う高温の火砕流によって中南部九州は破壊され、舞い上がった噴煙が東方に流されて、**四国や本州の全域も厚い火山灰でおおわれ**てしまいました。このときの噴火では、450㎦以上もの膨大な火山灰が噴出しました。

最新の破局噴火は、鹿児島県の屋久島の西方の海底にある鬼界カルデラで7300年前に起きました。そのときのカルデラ壁の一部は薩摩硫黄島や竹島として海上に顔を出しています。この噴火で噴出した火山灰は170㎦を超えます。姶良カルデラの2万9000年前の噴火より規模は小さいけれど、それでも**西日本から関東地方に至るまで火山灰でおおわれ**てしまいました。しかも、この噴火では、当時の西日本および九州の縄文文化が壊滅的な被害を受けたことが、考古学などから明らかにされています。

ほぼ1万年に1回という破局噴火ですが、直近の破局噴火からすでに7300年が経過しています。**そろそろ次の破局噴火が起きてもおかしくない**といえるかもしれません。起きるとすれば、それは中南部九州か北海道ということになりそうです。

破局噴火は、科学的な観測が可能になってからはまだ起きていません。そのため、**どのような噴火の前兆現象があるのかもよくわかっていません**。わかっているのは、残念ながら予知ができないまま、それがいずれ必ずやってくるということだけなのです。

図1　2万9000年前の姶良カルデラで起こった破局噴火

08 スーパーボルケイノの凄まじい威力とは？

平均気温が10℃下がるそのとき人類は生き残れるか

火山灰の噴出量が1000㎦を超えるような、想像を絶する噴火を行う火山のことをスーパーボルケイノと呼びます。最近10万年間で最も大きな噴火をしたスーパーボルケイノは、7万4000年前に2800㎦ものマグマを噴出したインドネシアのスマトラ島の**トバ火山**（**図1**）です。トバ火山の火山灰はインド大陸を15㎝以上の厚さでおおい、それは中国南部にまで達し（**図2**）ていて、**地球表面の約4％を占める**といわれています。

少し詳しくトバ火山の噴火の状況をみてみます。

トバ火山の噴火では、大量の火砕流が噴出してスマトラ島からマレー半島にかけての地域をおおいつくしました。火砕流はインド洋に流入し、インド洋の周辺地域に**巨大な津波**をもたらしました。さらに、全地球的に大きな影響を及ぼしたのは、火山灰とともに成層圏に大量に供給された二酸化硫黄です。

成層圏に供給された二酸化硫黄は、太陽光により光化学反応を起こし、水蒸気と反応して微細な硫酸エアロゾルとなります。硫酸エアロゾルは太陽光を反射するので、その結果、地表に届く太陽エネルギーが減少し、地表は急速に寒冷化します。**火山の冬**です。火山灰は比較的早く地表に降下しますが、硫酸エアロゾルは長期にわたって成層圏に漂います。その結果、火山の冬は長く続くことになるわけです（**図3**）。

トバ火山の7万4000年前の超巨大噴火では、2800㎦ものマグマが噴出したことで、**大量の二酸化硫黄が成層圏に供給**されました。グリーンランドや南極の氷河からのデータによって、当時6年間余りにわたって大気中の硫酸濃度

図1 巨大噴火のマグマ噴出量

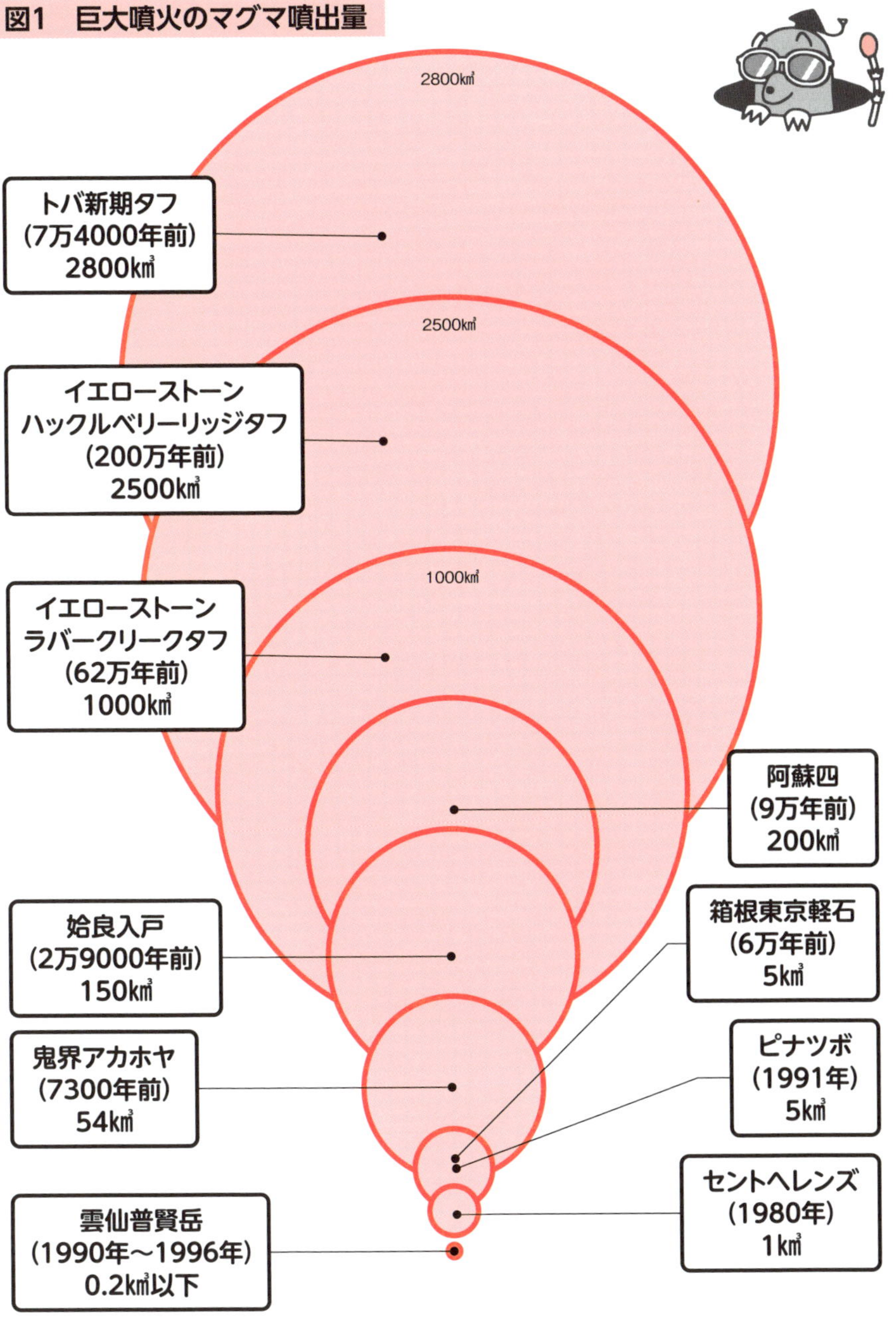

が高かったことが判明しています。そして、このときの火山の冬では、平均気温が10℃余りも低下し、それが6年余りも続いた可能性があるのです。

平均気温が10℃余り低下すると、**熱帯雨林は全滅し、寒冷帯の針葉樹林も半分程度死滅する**といわれています。それが6年間も続いたとしたらどうなるでしょうか？ 人類の食糧生産は大きな影響を受けるに違いありません。

トバ火山の超巨大噴火の平均噴火間隔は約42万年です。トバ火山は、7万4000年前に噴火しているので、次の超巨大噴火まではかなり時間がありそうです。

同じスーパーボルケイノであるイエローストーン火山の場合、62万年前に1000㎦ものマグマを噴出していますが、その超巨大噴火のもうひとつ前の超巨大噴火は、さらに68万年前です。イエローストーンはすでに62万年が経過しています。もし噴火間隔が68万年とすれば、**イエローストーン火山はすでにいつ超巨大噴火をしてもよい時期になっている**と考えられないことはないのです。

いまもし、この地球上で超巨大噴火が起こったら、はたして人類は生き残れるのでしょうか？

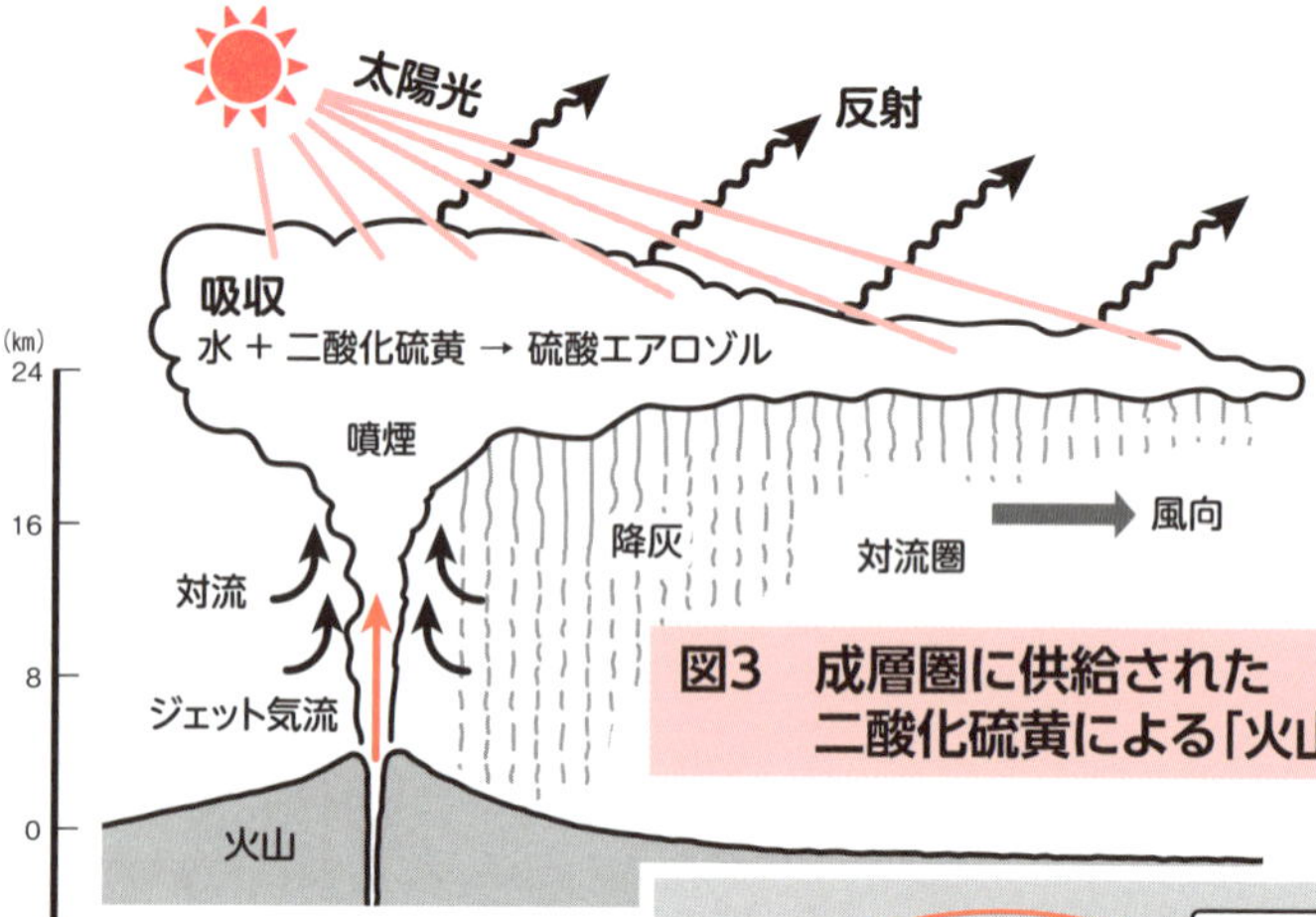

図3　成層圏に供給された二酸化硫黄による「火山の冬」

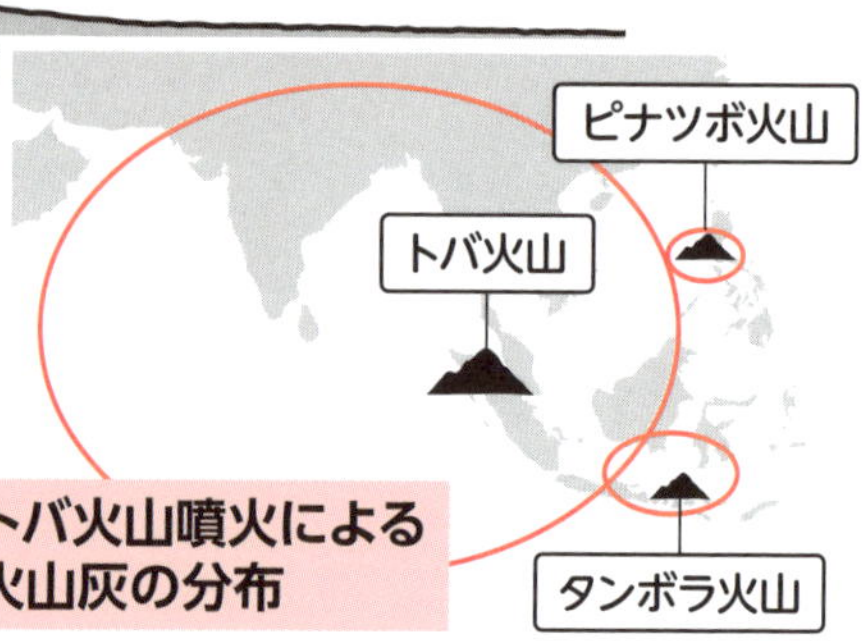

図2　トバ火山噴火による火山灰の分布

09 プレートテクトニクスとはどんな現象か？

PART2 火山学

プレートは地球の内部を冷やすラジエター

地球の表層部には、**プレートテクトニクス**によってさまざまな現象が起きています。英語で**プレートは板、テクトニクスは造構作用**（構造をつくる作用）のことを意味するプレートテクトニクスとは何なのでしょうか？

寒い朝に池の表面に氷が張ったり、熱いミルクの表面に皮膜ができたりしますが、これらは**熱境界層**と呼ばれます。氷やミルク皮膜の上には冷たい大気があり、下には温かい水や熱いミルクがあります。大気や水やミルクの中では、熱は対流によって運ばれますが、氷やミルク皮膜のような熱境界層中では、熱は熱伝導で輸送されます。

固体地球の表面は、何枚かの**厚さ100㎞以下の岩石でできた硬い板（プレート）（図1）**からなります。実は、これらは池の氷やミルク皮膜のような**地球表面をおおう熱境界層**なのです。プレートの表面からは、プレートを通して輸送された地球内部の熱が冷たい宇宙空間へと熱放射されており、自動車のエンジンの**ラジエターのように地球内部を冷やしている**わけです。

プレートをよくみると、3種類のプレート境界があります。まずは、冷えて重くなった**プレートが地球内部へ沈み込む海溝**のような**沈み込みプレート境界**です。次は、沈み込むプレートに引っ張られて拡大していく**中央海嶺**のような**拡大プレート境界（図2）**です。

中央海嶺では、引っ張られて割れた裂け目を埋めるように高温のマントルが上昇し、融けて大量の玄武岩質マグマが生成されます。これらのマグマは、一部は火山として噴出します。残りは引っ張られて中央海嶺から遠ざかるにつれて冷え固まり、厚くなってプレートを形成します。プレート

図2　沈み込みプレート境界と拡大プレート境界

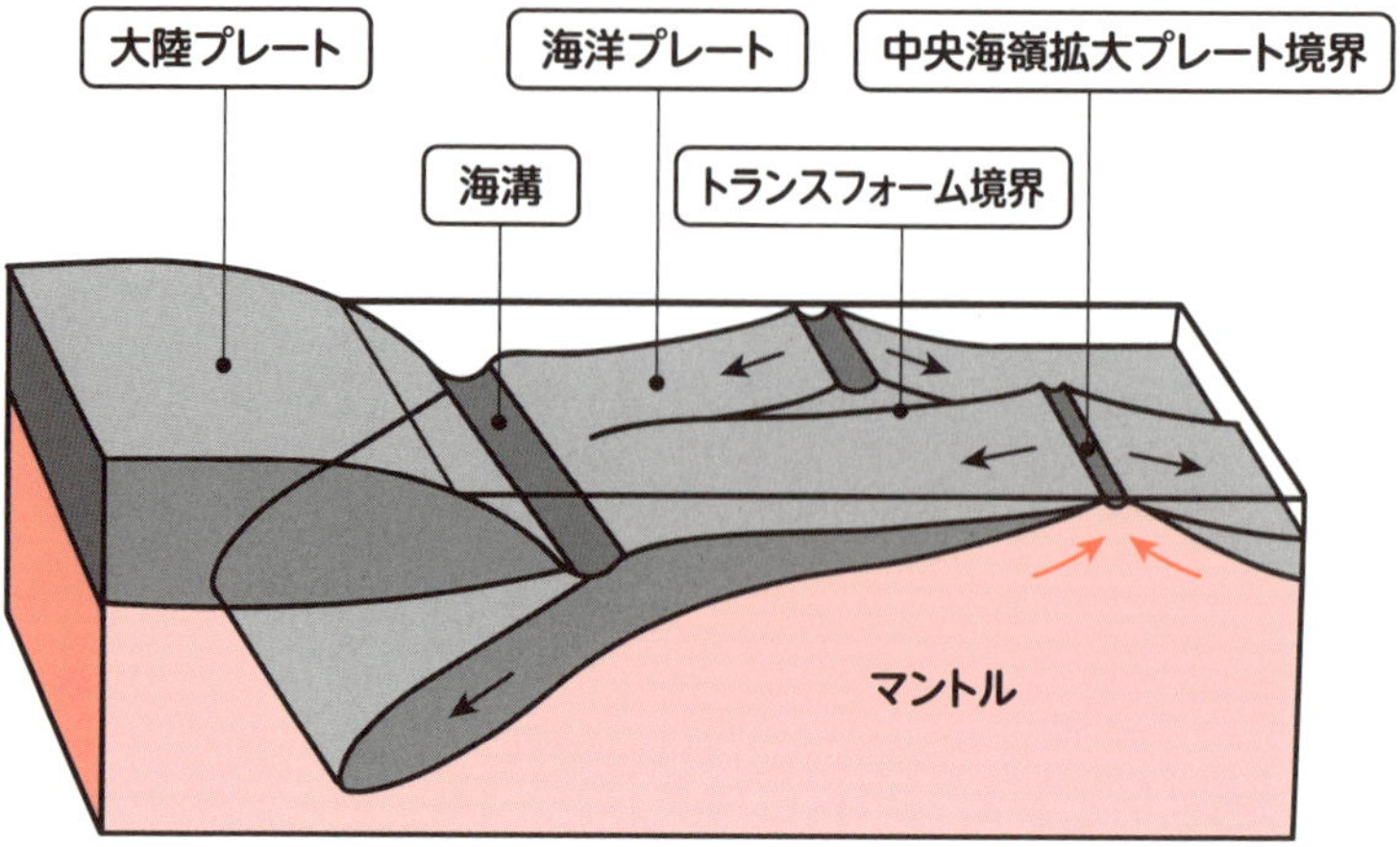

は移動しながら熱を放出し、最後は冷えて重くなり、**重力の力により海溝で地球内部へと沈んでいきます。**

このように、**プレートの動く原動力は、沈み込んだプレートが引っ張る引きの力**なのです。この様子はテーブルクロスを少しだけ垂らしてやると、あとは自動的にずり落ちていくのと似ているため、**テーブルクロスずり落ち説（図3）**ともいわれています。

最後の境界は、プレート同士がすれ違う**横ずれプレート境界**です。

こうしたプレート境界では、押されたり、引っ張られたり、ずれたりすることで歪みが溜まり、エネルギーの集中する変動帯となっています。特に、拡大プレート境界や沈み込みプレート境界では、**地震が多発**したり、**マグマが生成されて火山ができたり**します。それだけではなく、沈み込みプレート境界では、**地殻が圧縮されて変形・隆起し、高い山脈ができたり**もするのです。

図1　地球表層部をおおうプレート

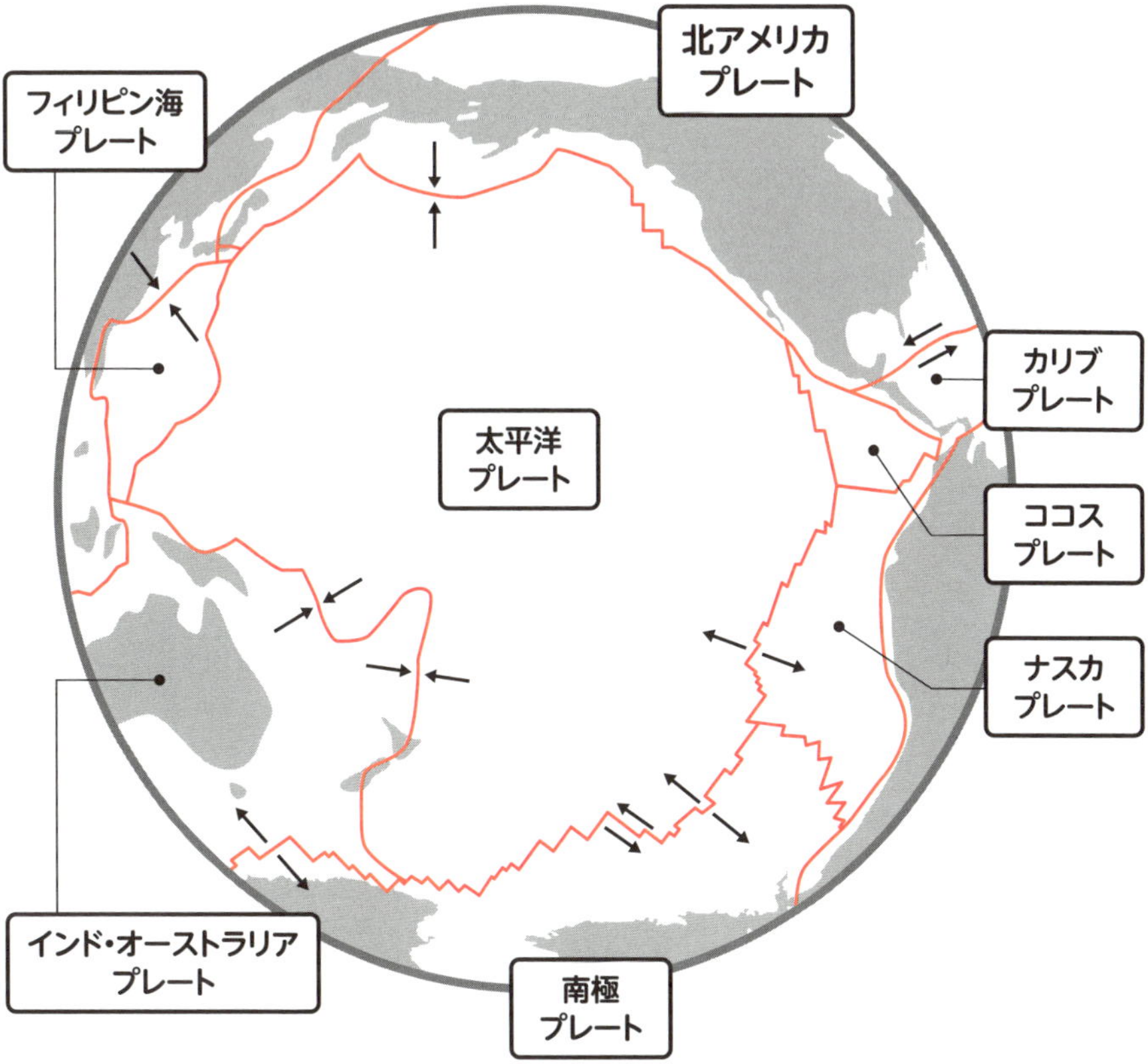

図3　テーブルクロス ずり落ち説

PART2 火山学

10 ホットスポットの火山とはどんなものか？

ハワイとイエローストーンは地球の壮大な営み

プレートテクトニクスは、地球内部の熱を宇宙空間に逃がす熱対流の一種です。同じく地球を冷やす熱対流のメカニズムとして、マントルプルームがあります。高温のマントルプルームは、**地球中心核とマントルの境界付近から、1億年ほどの時間をかけながらゆっくりと地表付近に上昇**してきます。こうした高温のマントルプルームが上昇して来た場所のことを、**ホットスポット（熱い点）**といいます。

現在の地球上にはたくさんのホットスポットがありますが、その中でも**有名なのがハワイ島とアメリカ合衆国西部のイエローストーン（図1）**です。ホットスポットは大部分が海洋地域にある中で、イエローストーンは大陸上に位置する珍しいホットスポットです。

イエローストーン火山は厚さの厚い大陸地殻の上にあるので、マントルから上昇してきた玄武岩質マグマが、大陸地殻を融かして**大量の流紋岩質マグマが生産され、それが大規模に噴火すること**で、**大型のカルデラが形成**されています。

一方、ハワイ島は厚さの薄い海洋地殻の上にあるので、マントルでできた**玄武岩質マグマが直接大量に噴出**しています。

地球の表層部にはプレートが敷き詰められており、それは対流によって絶えず動いています。ところが、マントルプルームは中心核とマントルの境界部付近の深部から上昇してくる（**図2**）ので、いわば**深部に固定されている**わけです。プレートは、マントルプルームの上を移動していきます。

現在マントルプルームの直上にあって、さかんにマグマを噴出しているのはハワイ島です。ハワイ諸島は、北西に向かってハワイ島、100万年前のマウイ島、200万年前のモロカイ島、300万年前のオアフ島、500万年前のカウアイ島の順に配列しています。これは、ハワイのマントルプルームの上を太平洋プレートが北西方向に移動していった軌跡です。

イエローストーン火山でも、現在のマントルプルームはイエローストーン火山の直下にありますが、南西方向に向かって少なくとも6個以上の巨大カルデラが配列しています。イエローストーンカルデラから最も離れた、最も年代の古いカルデラは1500万年前のものです。これは、**イエローストーンのマントルプルームの上を、北アメリカプレートが南西方向に移動していった軌跡**です。

こうしたホットスポット火山をみていると、地球の営みというものが、実に規模が大きく、時間のスケールも雄大で、きわめてダイナミックなものであるということを実感せずにはいられません。

図1　地球上での代表的なホットスポット

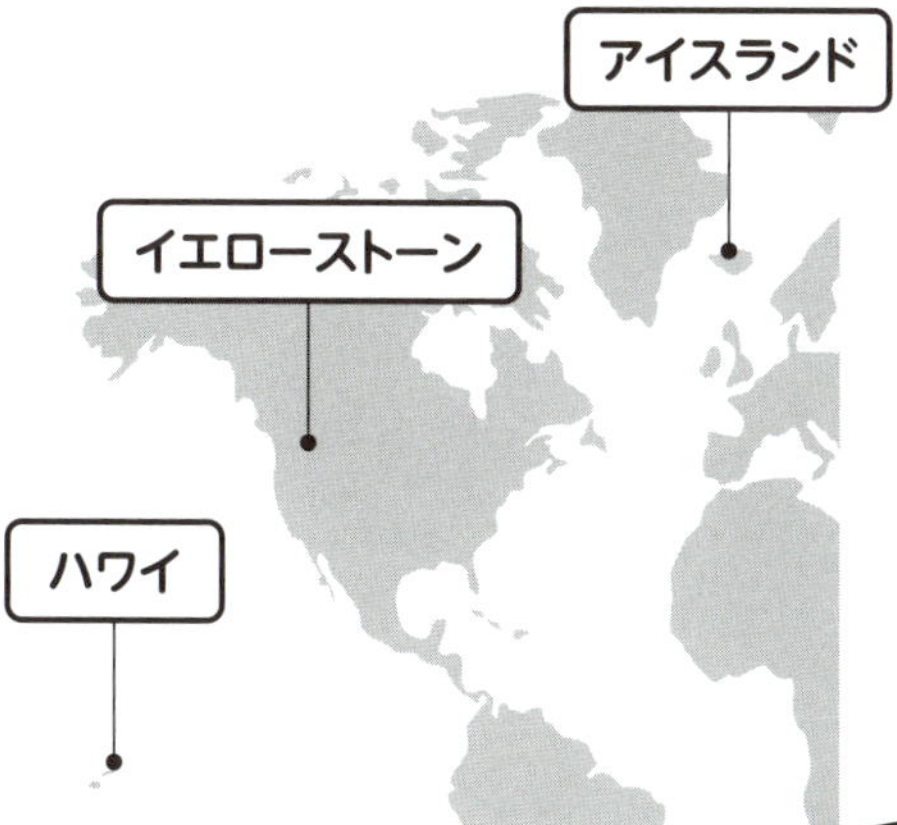

図2　マントルプルームはマントルと中心核の境界部

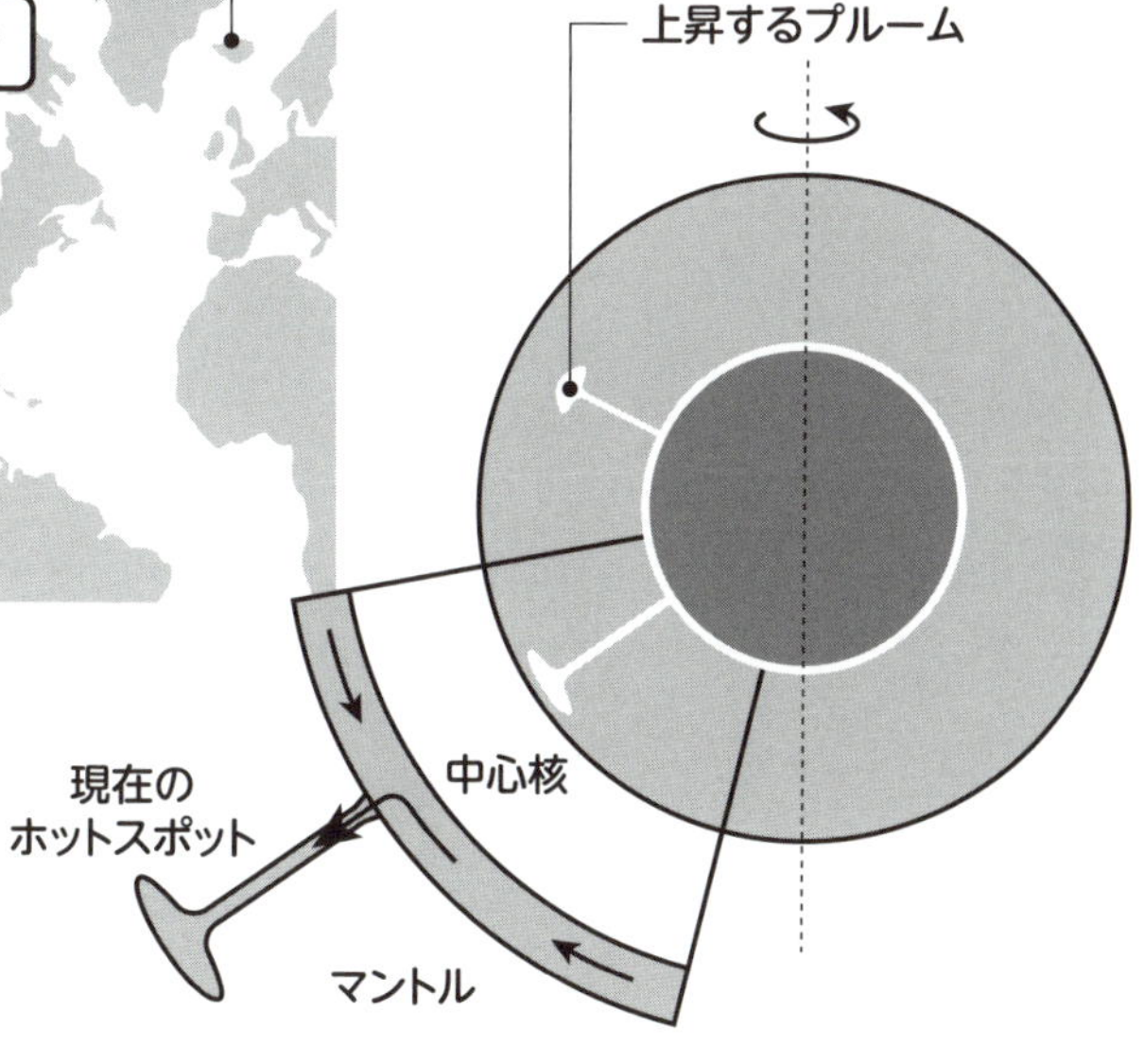

11 頻繁に噴火するアイスランドの不思議？

中央海嶺とホットスポットの密接な関係

19世紀のフランスの小説家ジュール・ヴェルヌの有名な冒険小説に『地底旅行』があります。アイスランドの火山の火口から地下に入った主人公たちが、最後はイタリアのストロンボリ火山の火口からマグマと一緒に飛び出してくるという筋書きです。アイスランドが、氷河におおわれた頻繁に噴火を繰り返す巨大な火山島であることは、ヨーロッパの歴史時代からよく知られていました。

2010年にエイヤフィヤトラヨークトル火山が噴火（**図1**）し、噴煙から大量の火山灰が降下して西ヨーロッパの国々では多くの空港が閉鎖されました。また、1783年から1785年のラキ火山の大規模噴火では、長さ25㎞にもおよぶ長大な割れ目火口から、12㎦もの玄武岩質マグマが流出し、同時に噴出した大量の有毒な火山ガスの影響で多くの家畜が失われ、ヨーロッパに飢饉が発生。アイスランドでは9000人余の犠牲者が出ています。

アイスランドでは、北東から南西に向かって70万年前以降にできた割れ目帯（**図2**）が発達しています。この割れ目帯にはたくさんの火山が噴出しており、ラキ火山のようにしばしば延長が数10㎞に及ぶような、長大な玄武岩質マグマの**割れ目噴火**が起きます。**割れ目は引っ張りの力によってできた裂け目で、ギャオ**（**図3**）と呼ばれています。アイスランドでは、この割れ目帯から東西に離れるほど、時代の古い火山岩が分布しています。

この割れ目帯を大西洋中に追っていくと、**大西洋中央海嶺（プレート）に続いています**。すなわち、アイスランドは中央海嶺が海面上に姿を現した、珍しい場所なのです。

なぜ、アイスランドだけ隆起して海面上に姿を現しているのでしょうか？

アイスランドの地下を地震波で調べると、速度のおそい高温の領域が、中心核付近まで深く続いているのがわかります。これは、高温のマントルプルームの通り道なのです。つまり、アイスランドの隆起の理由は、**マントルプルームが上昇して来てホットスポットとなっている**（**図4**）ためなのです。

アイスランドは、中央海嶺とホットスポットが重なった大変に珍しい場所です。実は、大西洋には海面上には顔を出していませんが、アイスランド以外にも中央海嶺とホットスポットが重なっている場所がいくつかあります。大西洋はパンゲア超大陸が分裂してできたものですが、最初に**超大陸の一部を引き裂いて大西洋ができる原因をつくったのは、ホットスポットの並びであった**と考えられています。ホットスポットが並んだ線上で分裂が開始され、最後には中央海嶺になったというわけです。

ホットスポットとプレートテクトニクスには、意外と密接な関係があった、というわけです。

図1　2010年エイヤフィヤトラヨークトル火山噴火

2010年4月17日、NASAの人工衛星アクアが北大西洋上空にエイヤフィヤトラヨークトル火山が噴き上げた噴煙中を撮影。噴煙からの大量の火山灰降下により西ヨーロッパ各国の空港が閉鎖された。

図2　アイスランドの割れ目帯（中央海嶺）

図3　アイスランドの割れ目帯と火山

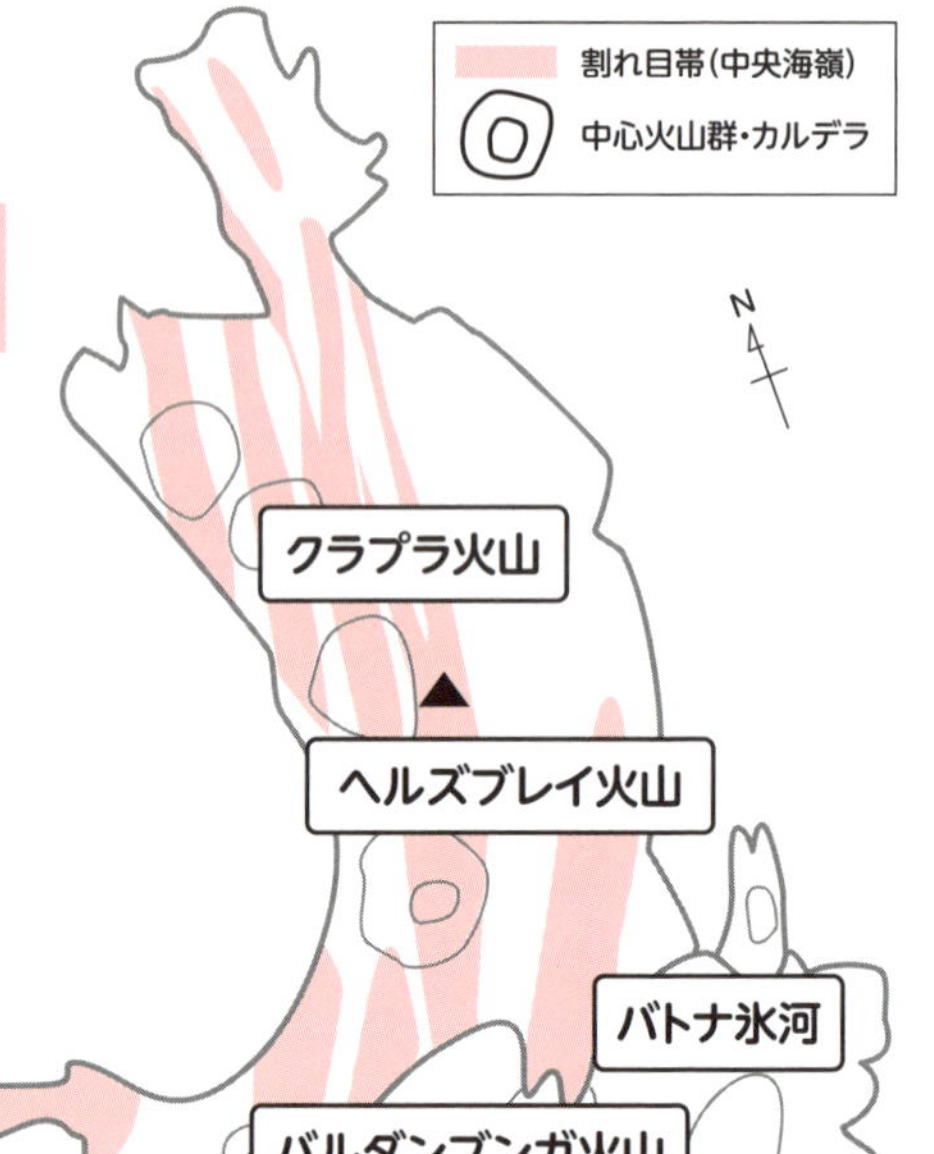
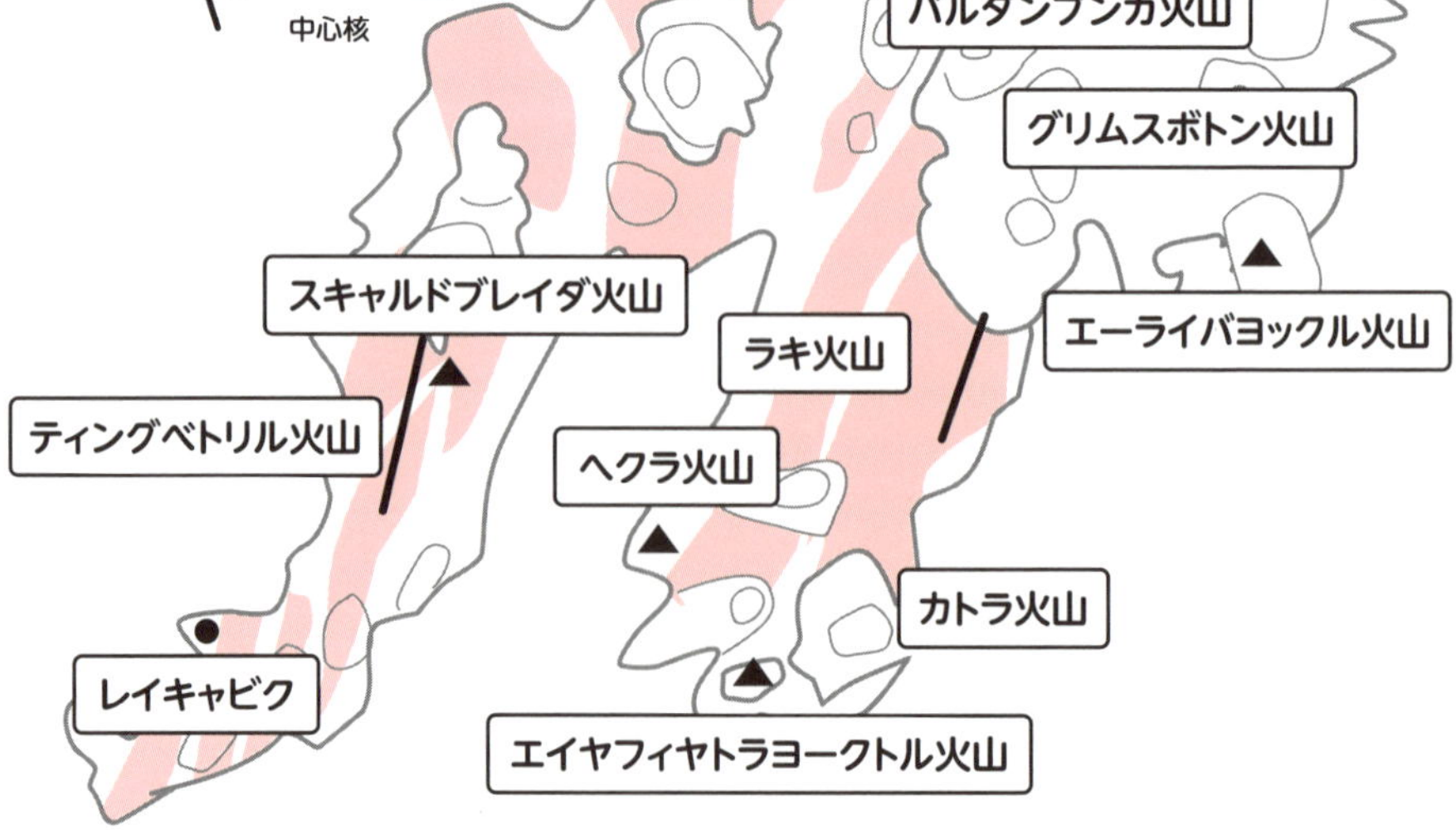

図4　アイスランドを貫く中央海嶺とマントルプルーム

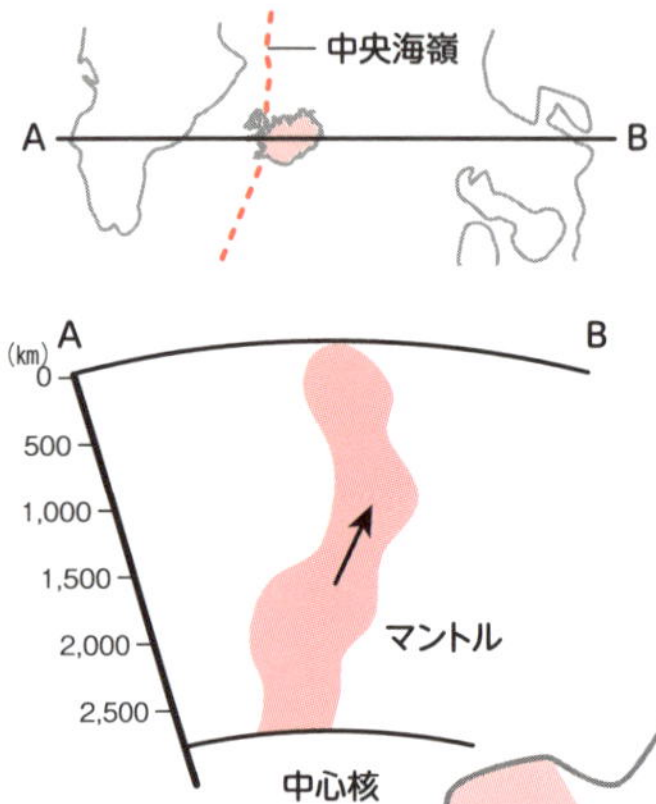

PART 3

気象学

PART3 気象学

01 温暖化とはどんなメカニズムなのか?

自然のバランスを人為的に壊す急激な温室効果

地球は太陽からの光を受けて暖まる一方、赤外線の形で宇宙空間に熱を放出し、そのバランスによって温度が決まっています。**仮に地球をとりまく大気がなければ、この熱の吸収と放出の単純なバランスによって地球平均気温はマイナス18℃程度となってしまいます**。つまり、生命が維持されるにはかなり厳しい環境になるはずです。

実際には地球は酸素やチッ素などの大気につつまれており、この大気の中には量的には少ないのですが二酸化炭素や一酸化二チッ素などの温室効果気体と呼ばれる気体が含まれています。

この温室効果気体には面白い性質があり、太陽からくる日射などの短い波長の波はほとんど吸収しないのに対し、地球から出ていく赤外線などの長い波長の波は吸収するというものです。このため、これらの**温室効果気体は地球から出ていく赤外線を途中で吸収して暖まり、その熱を再び地上に戻します**。この結果、地球が暖められるというわけです(**図1**)。これを温室効果と呼びます。この**温室効果により、実際の地球は平均気温15℃程度に保たれ**、人間を含めた生物の活動に適した環境をつくりだしているのです。

地球史の中では、温室効果の重要な役割を占める二酸化炭素の大気中濃度は大きく変動した時代があり、それに伴って地球の温度が変化したのも事実です。

最近の地球温暖化にかかわるニュースでは、特に**石炭や石油などの化石燃料の燃焼による人為起源の二酸化炭素が、大気中の濃度を増加させている**点が注目されています。これは地球史の中で、二酸化炭素が植物を介して石炭や石油の形で地中に取り込まれ、寒冷も含めて適度な地球環境が保たれてきたのに、産業革命以来、それを人類が再び掘り起こして利用して、大気中の二酸化炭素を増加させていることが問題になっているのです。

大気中の二酸化炭素濃度の多少の増加は，海や森林などに吸収されてバランスしますが、現在はその限界を越え、過去に類を見ないほど急激に増加しており、これに伴って急激な温室効果＝急激な温度上昇が起きていることが問題なのです。

この結果、気候のシステムはバランスを失い、さまざまな気候変動が生じている、あるいは生じることが懸念されています。温暖化の影響は平均的にゆっくりやってくるものではなく、変動度の変化が大きい、つまり、温暖化の途中から極端な現象の頻度が増えることが懸念されているのです。

図1　温室効果のメカニズム

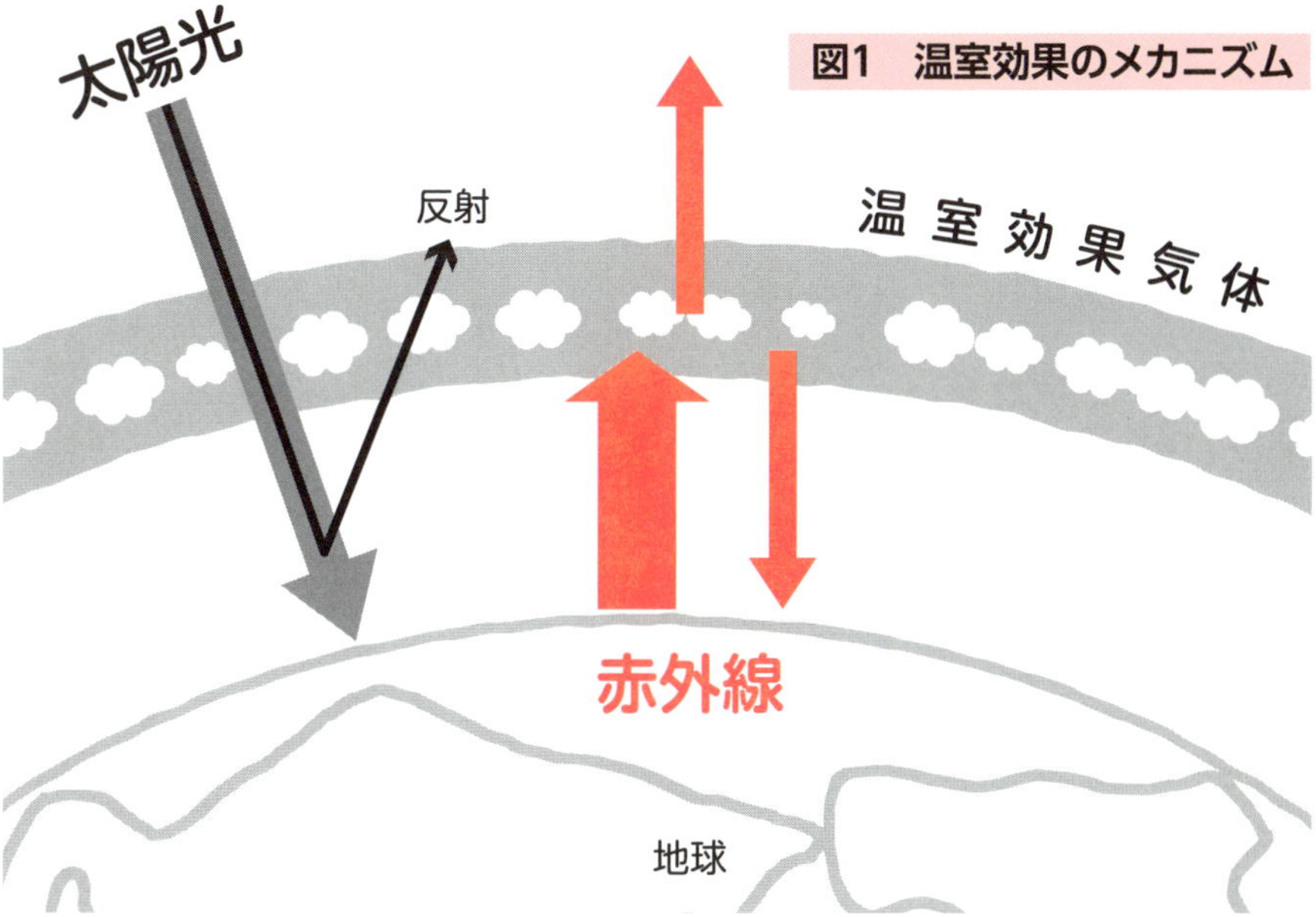

PART3 気象学

02 温暖化で北極の氷が溶けるとどうなる？

温暖化熱を海水が吸収して膨張し、海面が上昇

地球温暖化に伴い、海面上昇することが懸念されています。ＩＰＣＣ（気候変動に関する政府間パネル）では数年おきに世界中の科学者が集まって、科学的な知見を集めた報告書を提出していますが、第５次報告書ＡＲ５では、**１９０１年～２０１０年までに地球平均海面水位は19㎝上昇**したこと、さらに**今後約１００年（１９８６年～２００５年の平均に比べた２０８１年～２１００年の平均）の間に40㎝から63㎝上昇する可能性を指摘**しています。

ここで注意しなければならないのは海面上昇の原因です。陸の上にある氷河や氷床などが融ければその水が海に流れ込み、海面が上昇することは容易に想像がつきますが、実際の海面上昇に効いているのはこれだけではなく、むしろ**「海水の熱膨張」が重要**になります。つまり、**地球温暖化による熱を海水が吸収して膨張し、そのために海面が上昇する**ものです。この効果は、現時点でも陸上の雪氷の融解の効果に匹敵し、今後は最も大きな効果を持つとみられています。

一方、数千年という長い時間スケールでみた場合には、南極氷床の融解の効果は数メートルに及ぶと考えられています。いずれにしても海面上昇の影響は、島の沈没のほか海岸の構築物へかなり大きい影響を与えるとみられています。

さて、では温暖化に伴い、海氷はどうなるのでしょうか？

ＩＰＣＣの報告書では、北極海の海氷面積は最近減少していることが示されています（**図１**）。また、世界の多くの研究機関の気候モデルの予測では、**温暖化が急に進むシナリオによると今世紀中に北極海の９月の海氷（９月は例年、最少面積**

が記録される月）が消失することが示されています（北極海航路が開けるとか、そこの海底資源はどうなるのかという話題も起こりますが）。

氷というのは熱伝導率が悪いため、気象を考える上ではむしろ断熱材とみなします。例えば、冬場の海氷におおわれた領域（多年氷の平均的厚さでも3ｍ強程度しかない）で、海水とその上の大気との熱のやりとりは非常に小さいものですが、一部でも氷がない場所（リードとかポリニャとか呼ばれる）があると、海の熱と水蒸気が大気に輸送され、その領域全体の熱・水蒸気輸送の大半を占めているともみられています。したがって、**氷があるかないかは、その上空の大気への熱・水蒸気輸送を変化させ、気候システムに大きな影響を与える**ことが考えられます。

しかし、雪氷域は一様に減少するのではなく、減少量の地域性・季節性の違いが中緯度各地の天候異常（一時的な低温化なども含めて）を引き起こす可能性が指摘されています。

図1　年平均の北半球氷域面積のトレンド

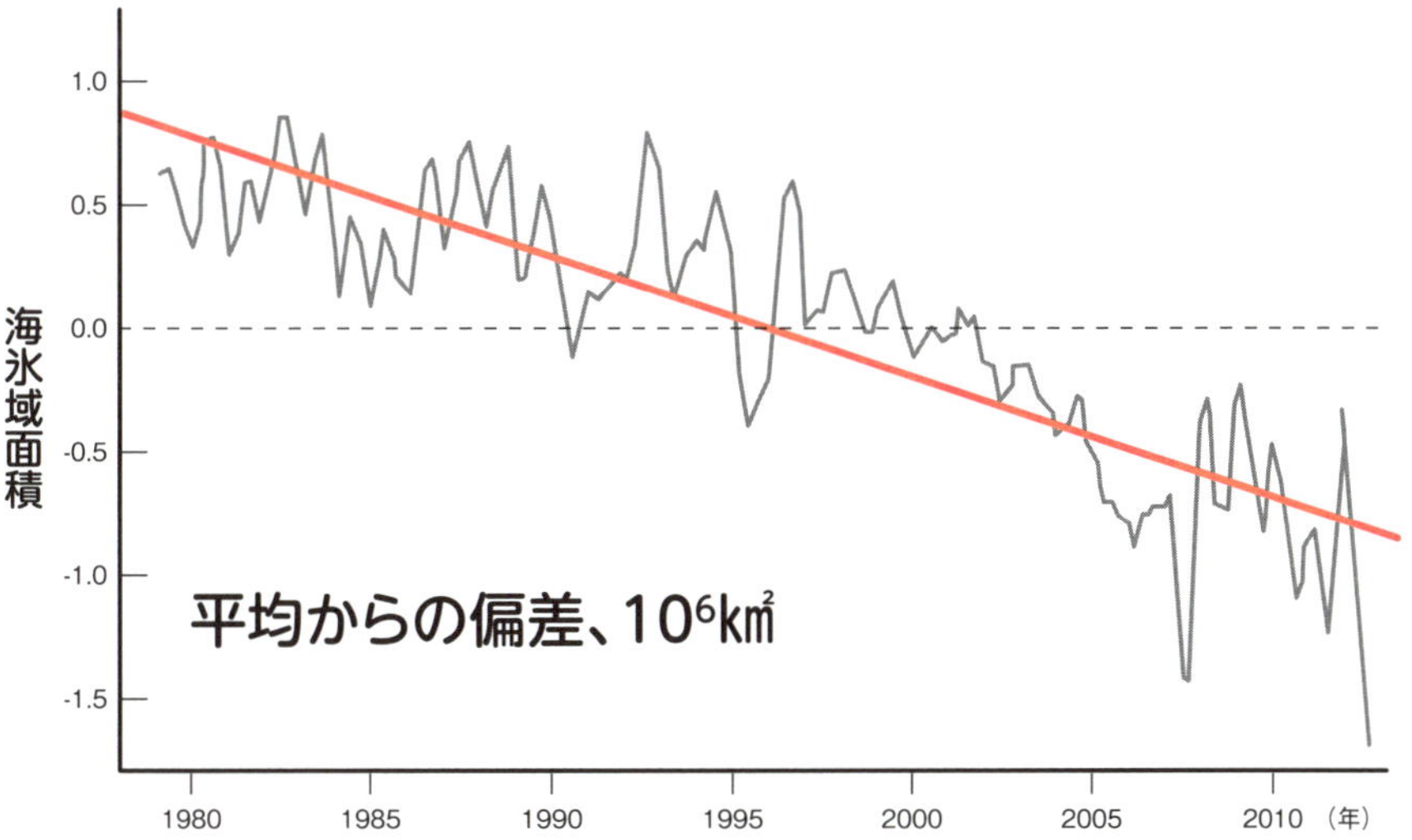

出典:IPCC 第5次報告書図4、6から作成

03

PART3 気象学

北極と南極はどっちが寒いのか？

陸地か否か、二つの極圏で異なる条件

世界での**最低気温の記録は南極のロシアのボストーク基地（図1）で1983年7月に記録されたマイナス89・2℃**です（2008年8月10日、衛星データの分析により、南極大陸東部の高地でマイナス93℃を記録したとの情報もある）。ところで、同じ極点である南極点と北極点は同じように寒い地域とみられていますが、実際にはどちらの気温のほうが低いのでしょうか。

これを比較するうえでは、それぞれの極点の存在する場所の地形や環境を考えなくてはなりません。北極は海洋の上に海氷が広がった場所であり、よって標高は低くなります。ですが、南極は大きな大陸の上にあり、さらに厚い氷河におおわれて標高も高くなっています。したがって、単純に比較するうえでは、**標高の高い南極点のほうが**そのぶん**気温が低い**といえます。

次に海の影響をみてみましょう。**海水には土や岩石と比べて暖まりにくく、冷めにくいという性質**があります。そのため**海の近くの土地では内陸に比べて温度の変動が小さく、マイルドな気候になる**という特徴が現れます。

例えば、日本の関東地方を参考にしてみると、海岸にある千葉県の銚子は内陸にある栃木県の宇都宮と比べての夏季の最高気温は約4℃低く、冬季の最低気温は6℃も高くなっています。緯度が北緯35度、36度ほどであまり差がないのですから、これなどまさに海岸地帯と内陸地帯の温度差を示しています。

地球上のさまざまな地点では、内陸に行くに従って気温の年変動の大きさが拡大するという傾向があるために、気温の年変動の大きさを用いて大陸度という指標で示すこともあります。南極点

図1　南極大陸ロシア・ボストーク基地の位置

図2　極東ロシア・ベルホヤンスク、オイミャコンの位置

は大陸の内部にありますので気温も低くなります。

一方、**北半球での最低気温の記録はWMO（世界気象機関）によるとマイナス67・8℃。場所はロシアのベルホヤンスクで1892年2月、同じロシアのオイミャコンで1933年2月にマイナス67・8℃を観測**（観測機器の精度の問題があるため、2地点が報告されている）、海氷域も含めて内陸的な場所（**図2**）で記録されたわけです（北極点での最低気温はマイナス43℃ほど）。

ところで、海氷におおわれた平原では、「温暖化で北極の氷が溶ける～」の項（70p）で述べたように、氷が断熱材として働くため、海洋からの熱輸送は小さくなり、陸上の氷原と同じような特徴を持ちます。例えば、北海道のオホーツク海側の気候は流氷が来ると内陸の気候に近くなりますが、流氷は厚さもなく、海洋からの熱輸送もなくなるわけではないので、大陸の内部のようには低温にはなりません。

次に、南極の気温を考えるうえで重要なのがその地理的位置です。**南極大陸は他の大陸から離れて存在するため、低温の空気の蓄積によってできた極高圧帯から低緯度に向かって風が流れ出し（極偏東風）、上空でもとに戻る循環系を持っています。**

そして、より**低緯度側では強い西風が卓越する中緯度偏西風帯があり、これが強いためにさらに低緯度の暖かい空気とは隔てられ**、いわば**孤立した低温の気団が成長**しやすくなります。**海洋についても、北半球とは異なり強い南極周極流が取り巻いているため、海流による熱の輸送が妨げられています。**

また、南極の氷河は3000～2500万年前に南米のドレーク海峡が開いて南極周極流が形成されてからさらに成長したとみられています。つまり、北極と南極では、このように南極のほうが低温を保つことができるため気温がより低くなるのです。

04 エルニーニョ現象、ラニーニャ現象とは？

PART3 気象学

南米とインドネシアで気圧がシーソーパターン

南米ペルーやエクアドルの沖合は深層から湧き上がる低温の湧昇流のために良い漁場になっています。クリスマスのころ、この海域の南東貿易風が弱まることでこの湧昇流《ゆうしょうりゅう》が弱まり、赤道域の暖水が逆流するため海面水温が上昇します。漁も一段落することから、この現象をクリスマスにちなんで**エル・ニーニョ（スペイン語で神の男の子＝イエスキリスト）**と呼んでいました。

ところが、ときどき海面温度の上昇が数か月から1年以上にわたって続く現象がみられました。この現象はペルー沖に限らず、さらに**広い赤道太平洋東部全体で海面水温が上昇（インドネシア東方で下降）していることがわかったため，現在はエル・ニーニョと区別して、エルニーニョ現象と呼ぶ**ことにしています。

ちなみに、これと逆に海面水温が低下する現象をラニーニャ（女の子）現象と呼んでいます。

熱帯太平洋東部では、通常東寄りの貿易風のため温度の高い海水は西部に押しやられ、東部では相対的に低温の海水におおわれることになります。ところが、何らかの原因でこの東風が弱まったり、西風が強まったりした場合には暖かい海水は東に向かって移動し、太平洋東部の水温が上昇します。これがエルニーニョ現象です（**図1**）。また、エルニーニョ現象はそれぞれの季節で影響が異なります（**図2**、**図3**）。

暖かい海水のあった領域では、水蒸気の蒸発も盛んで低気圧による降水が多くなっていますが、**エルニーニョ現象のときには暖かい海水の領域が東へ移動**します。海水温の変化に伴い、その上にできる高・低気圧の位置もズレるので、海水の周辺の空気の上昇・下降域もずれます。**この影響が**

図1　赤道太平洋の海水温の分布と貿易風の対流活動の分布

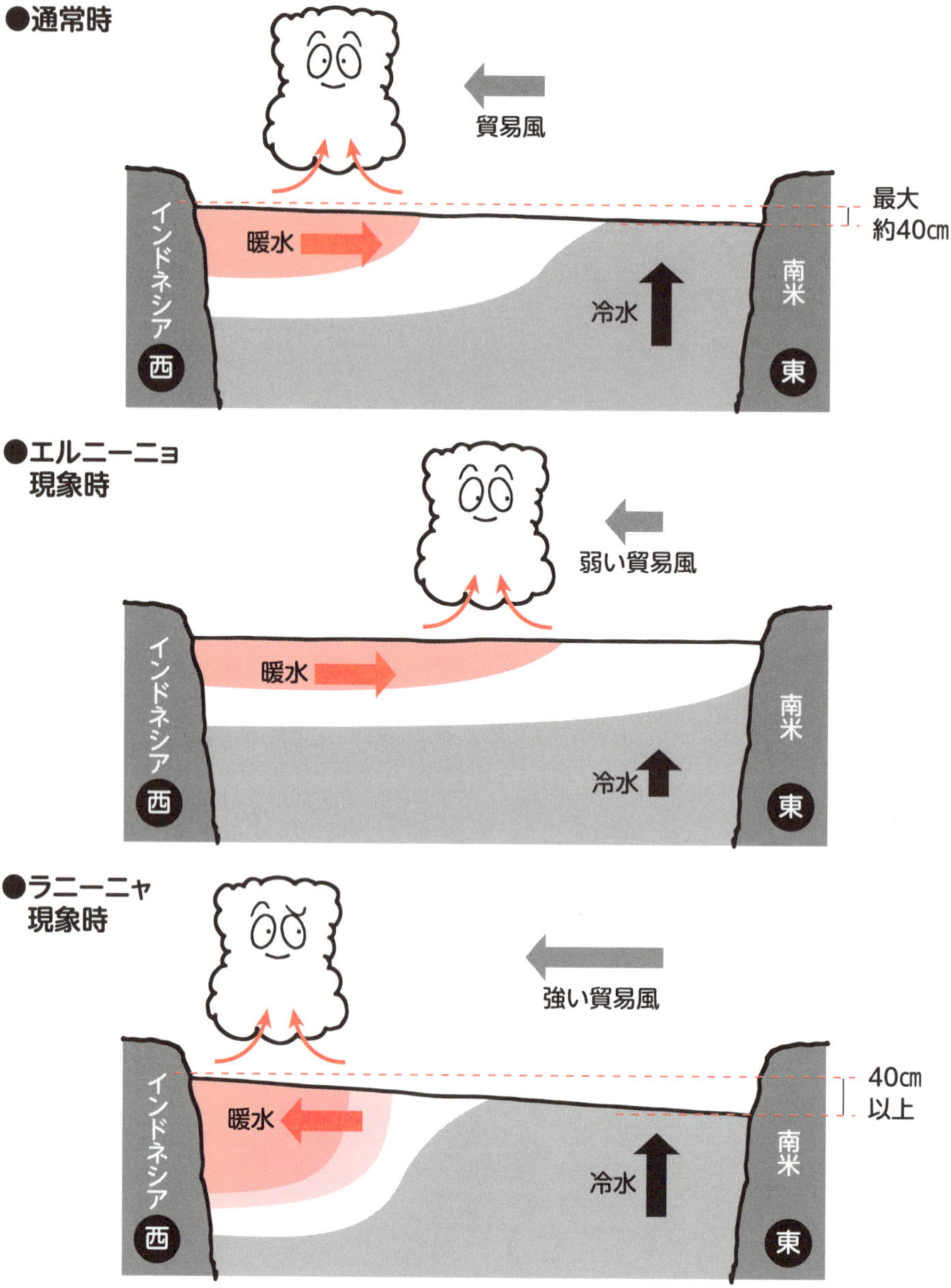

出典：気象庁 HP から作成

波のように伝わっていくのがテレコネクションと呼ばれている現象で、それによって**日本付近の気候も冷夏・暖冬になりやすい**といわれています。

ただし、**日本のような中緯度地域の気候は必ずしもこのような熱帯の影響のみによって左右されているわけではなく、高緯度や中緯度の現象の影響も大きいので、エルニーニョ＝××という予測は必ずしも成り立たない**点に注意が必要です。

なお、エルニーニョ現象が起こったときに、その後、どのような変化が生じて鎮静化するかといったメカニズムを説明する遅延振動子理論というものも考えられています。

ところで、インドの気象庁長官であったウォーカーは、**南米とインドネシア**の地上気圧を調べているうちに、**この2地点の気圧が互いに上昇・下降の逆の動き、すなわちシーソーパターンをする**ことに気づき、これを**南方振動**と名付けました。これは海面温度の高低がそれぞれ、低気圧、高気圧をつくりだすことが原因であり、エルニーニョ現象を大気からみたものに他ならないことが明らかになりました。このため、現在ではこのエルニーニョ／南方振動（El Nino Southern Oscillation）の頭文字をとってENSOと呼ぶこともあります。

図2　エルニーニョ現象の夏季天候への影響

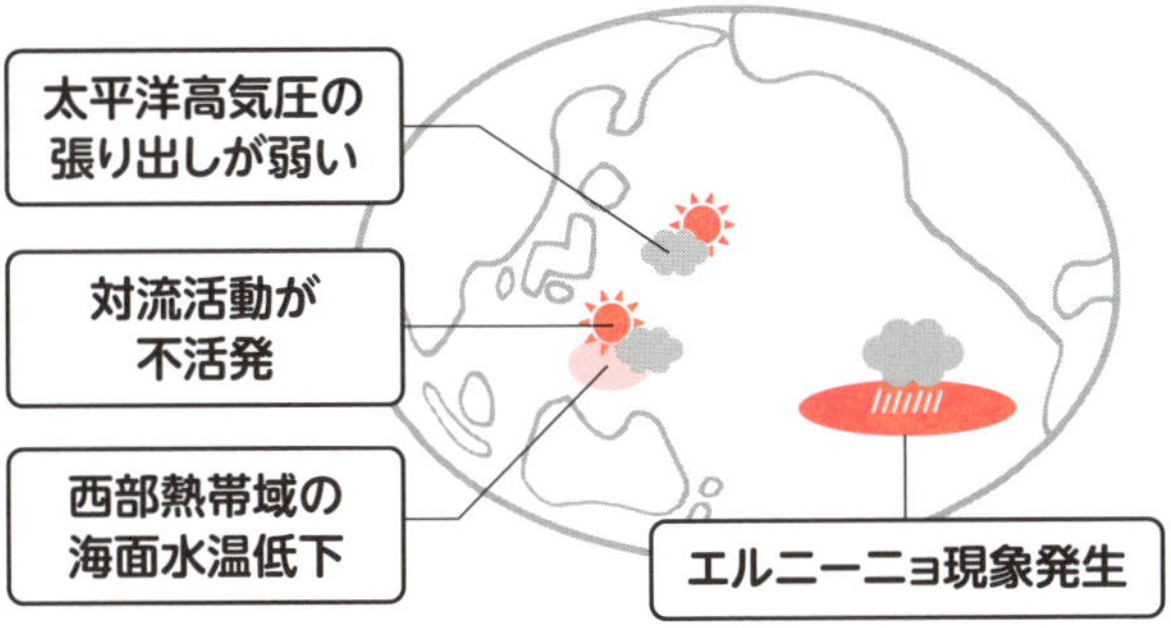

図3　エルニーニョ現象の冬季天候への影響

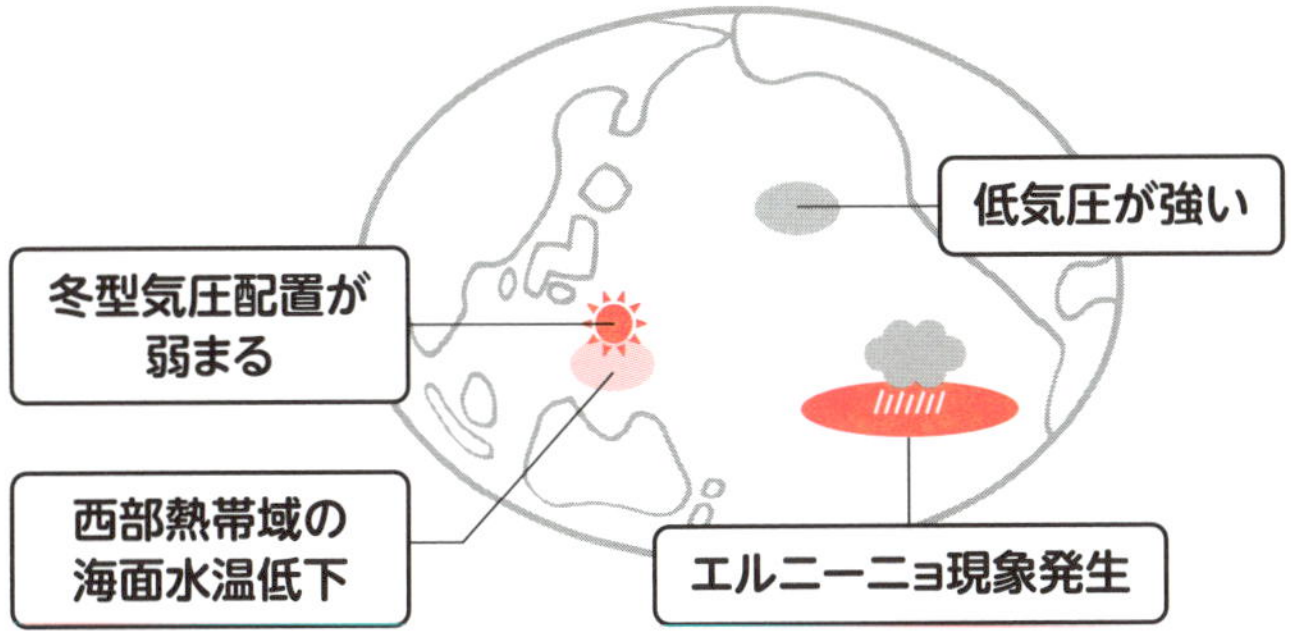

出典：気象庁 HP から作成

05

PART3 気象学

高気圧と低気圧はなぜ生まれるのか?

北半球では風は低気圧で反時計回り、高気圧で時計回りに吹く

海に面した陸があるとして、その上にある空気について考えてみましょう。夏の昼間に太陽から日射があると地面は暖まりやすいので温度が上がり、その上に接した空気の温度も高くなります。

一方、海の上であれば、水は地面ほど暖まりやすくないため、その上に接した空気の温度は陸上に比べて低くなります。

ここで暖かい空気は軽く、冷たい空気は重いという、よく知っている原理を当てはめれば、**暖かい空気が上昇し、冷たい空気がその下にもぐり込むという現象が起きます。これが海風と呼ばれている風**です(**図1**)。このときに空気の重さで比較すれば、冷たく重い空気のある側(気圧の高い側)から暖かく軽い空気のある側(気圧の低い側)へ風が吹いていることになります。この逆の夜間の陸風の場合も同様に、陸側(高気圧)から海側(低気圧)に風が吹いているといえます。

もっと規模の大きい現象で考えて冬のユーラシア大陸と太平洋を例に取ると、同じように冷たく重い空気のたまった大陸側(高気圧)から海側(低気圧)へと風が吹いていることがわかります。実際には**回転している地球上でコリオリの力(転向力・87p参照)と呼ばれるみかけ上の力が働くため、運動する物体(風)は北半球では進行方向を右向きに変えられることに**なります。そこで、**空気が集まってくる低気圧では反時計回り、空気が噴き出す高気圧では時計回りの回転を持ちます**。このため、日本での冬の季節風の風向は北西になります。

また、地球全体で考えると、私たちが暮らす中緯度の偏西風帯では低緯度の暖かく軽い空気が高緯度の冷たく重い空気の上に流れる形になり、暖

かい空気が北の冷たい空気の上へ乗り上げる領域と冷たい空気が北からもぐり込む領域が交互に形成される形ができあがります（図2）。その境界面（前者が温暖前線、後者が寒冷前線）の振動幅が大きくなり、境界面を挟んだ領域が普段、春とか秋に目にする低気圧と移動性の高気圧になります。

低気圧は空気が収束して上昇流をつくりだすため、上空で水蒸気が冷やされて雲ができやすいのです。

一方、高気圧は集まってきた空気が下降するため、空気の温度が上がって雲が消滅することになり、天気が良くなります。

図1　海風の説明図

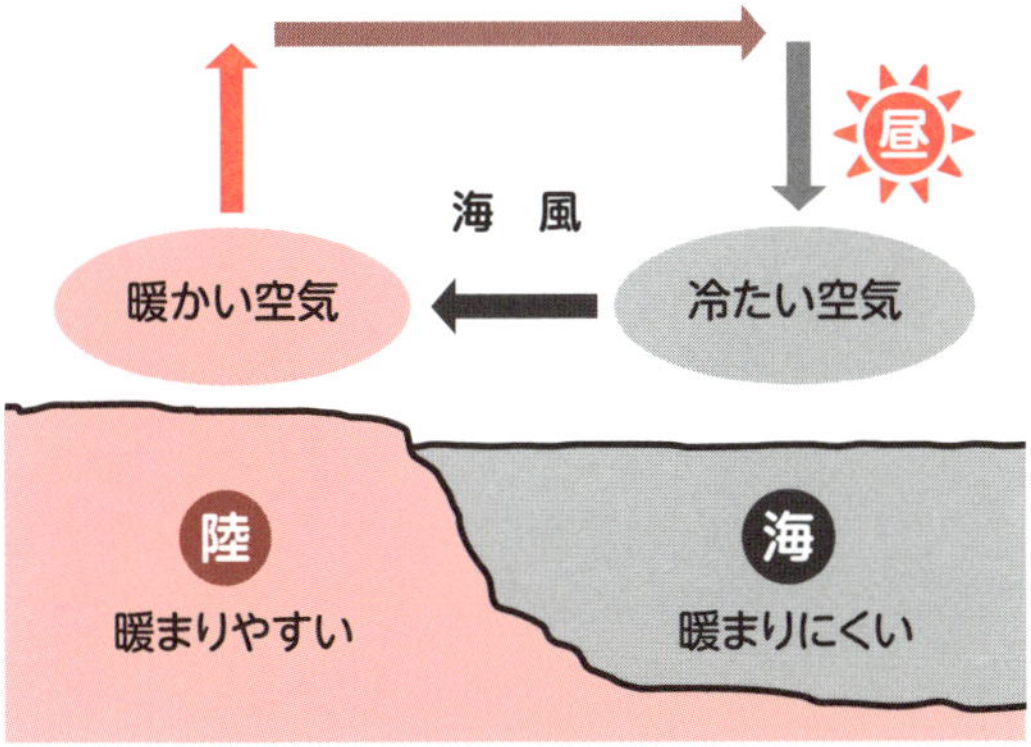

図2　高気圧・低気圧の説明図

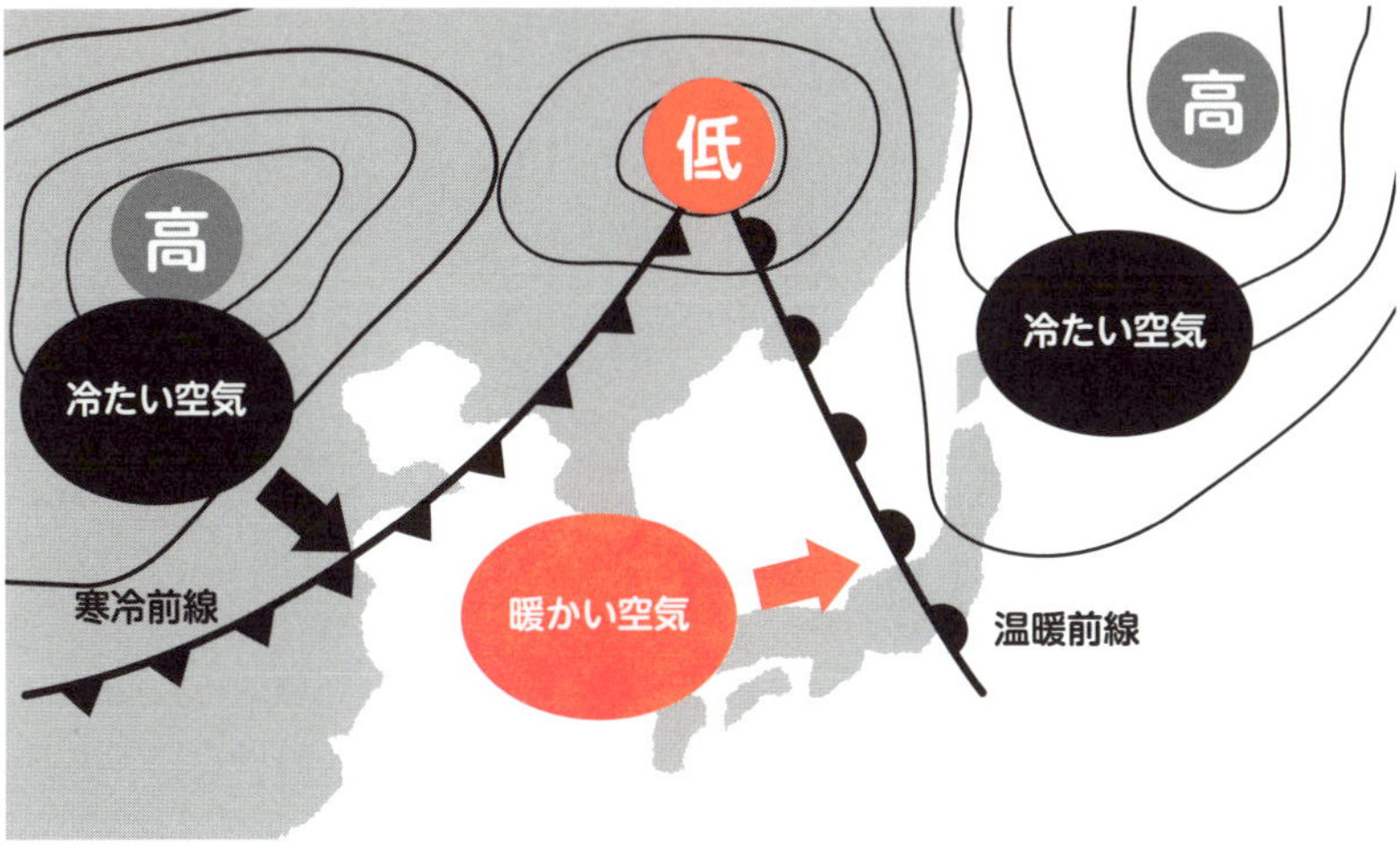

06

PART3 気象学

地球を吹き抜ける風はなぜ生まれるのか?

北半球の亜熱帯上空は南西風、地上で北東風が吹く理由とは

地球上では地域によって、ある程度決まった風が吹いていることはご存知かと思います。太陽から地球上空へ到達する日射のエネルギーは、高緯度でも低緯度でもほぼ同じですが、地球が球形をしているために、低緯度の地表面では真上から日射を受けられるのに対し、高緯度では水平に近い方向から受けることになります。このため、緯度により、単位面積当たりで受け取ることのできる日射エネルギーに違いが生じ、温度の差がでてきます。

地球全体としては、受け取った**熱エネルギーを常に均等に分配しようとするため、熱の輸送が起こります**。基本的には**より温度の高い低緯度から高緯度へ向かうもので、海流による熱輸送のほかに大気による熱輸送が生じます**。

大気についてはまず、低緯度で暖められた空気が上昇し、上空で両極に向かって移動します。この流れは中緯度の南北30度くらいまでで、空気は下降し(亜熱帯高圧帯:大陸では砂漠などが発達する)、地上に達した空気は再び低緯度に向かって流れるといった一つの循環を形成します(**図1**)。

ここで、地球は自転しているために風は**コリオリの力**(87p参照)を受け、北半球(南半球)上空では右向き(左向き)に曲げられます。そうすると、北半球(南半球)では**この循環による風は上空では南西風(北西風)、地上では北東風(南東風)となります。この循環のことをハドレー循環と呼び、赤道方向に向かう地上の風は、昔から知られている貿易風に対応**します。なお、ハドレー循環が北極まで伸びない理由は、高緯度に行くほどコリオリの力が大きくなるため、進行方向が曲

げられてしまうことによります。

一方、**両極を中心とした高緯度では低温の重い空気が低緯度側に向かって移動し、中緯度から上空を通って極に戻る循環を形成**します。これも同じように**コリオリの力によって偏向し、地上付近の風は北極では北東風、南極では南東風となります。これらを合わせて極偏東風と呼びます。**

では、中緯度ではどうなっているのでしょうか？

低緯度と高緯度の循環をつなぐ二つの循環ができるので循環の断面をつないでフェレル循環といわれることもありますが、この循環はほかの二つのように明確にみられる循環ではなく、緯度平均をとったときに現れるみかけ上のものです。

実際には、**中緯度は南北の温度差に起因する風が卓越し、南北両半球とも強い西風が卓越する（中緯度偏西風帯）領域**になっています。熱は、西風に乗って移動している波動（低気圧・高気圧）によって高緯度側へ移動しています。

図1　大気の大循環の模式図

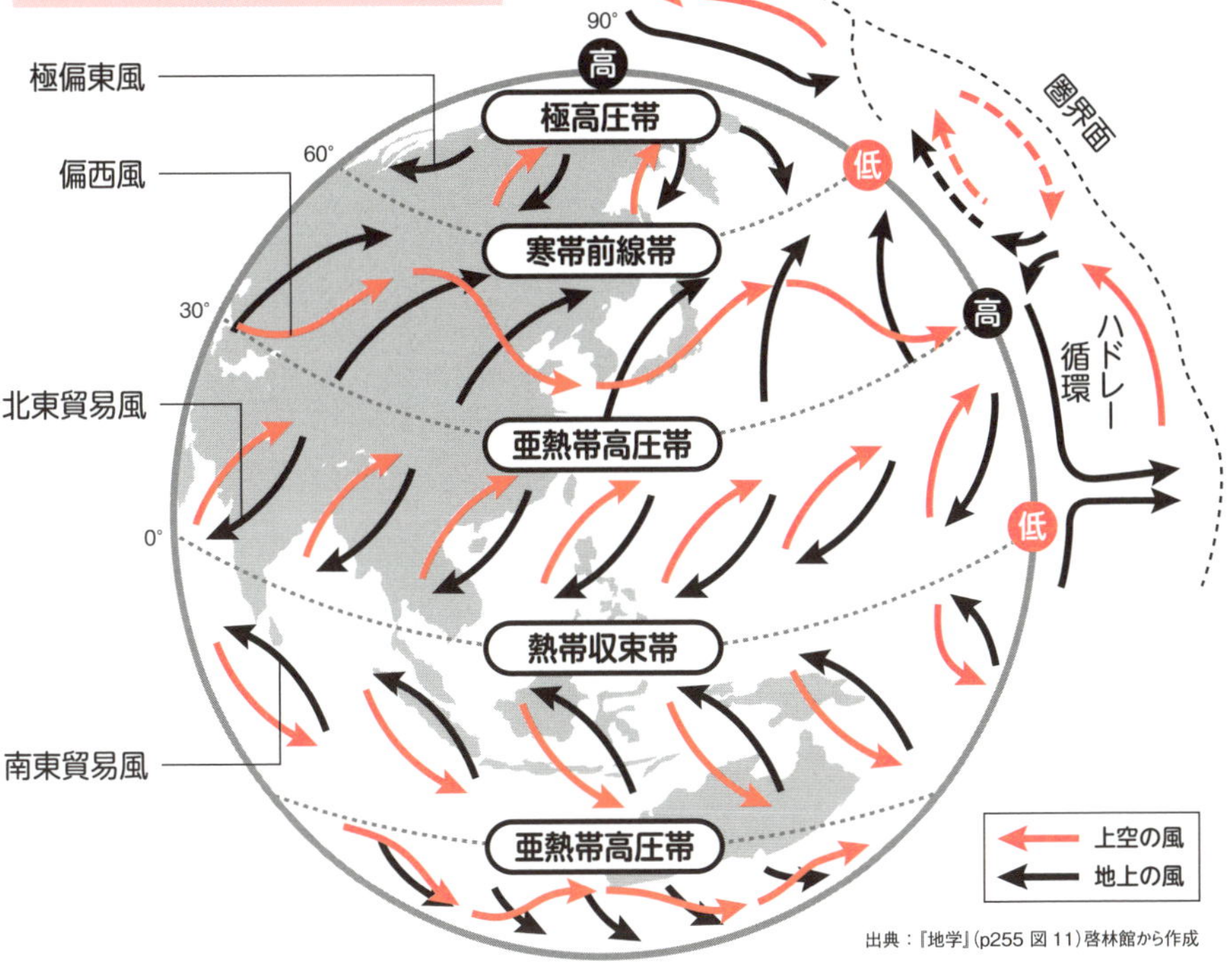

出典：『地学』(p255 図 11) 啓林館から作成

07

PART3 気象学

フェーン現象はなぜ起きるのか？

山を越える空気の乾燥断熱率と湿潤断熱率で実態解明

新聞やテレビのニュースなどで、よくフェーン現象により気温が上昇するといった説明が行われています。このフェーン現象とはどのような原因で起こるのでしょうか？

「フェーン」というのはそもそも**欧州のアルプスで吹く暖かい風として知られた現象**です。日本でも春先に中部山岳地域を越えて日本海側に吹き込む南風によるものが有名で、その季節にしてはかなりの高温を引き起こします。

最近では、夏季の関東平野西部の記録的な高温にも西側の山岳地からのフェーンが効いていることも指摘されています。

上空に行くほど気温が下がるのは、「太陽に近い高所が寒いのは～」の項（90p）で説明しますが、では、どの程度の割合で気温は下がっているのでしょうか？

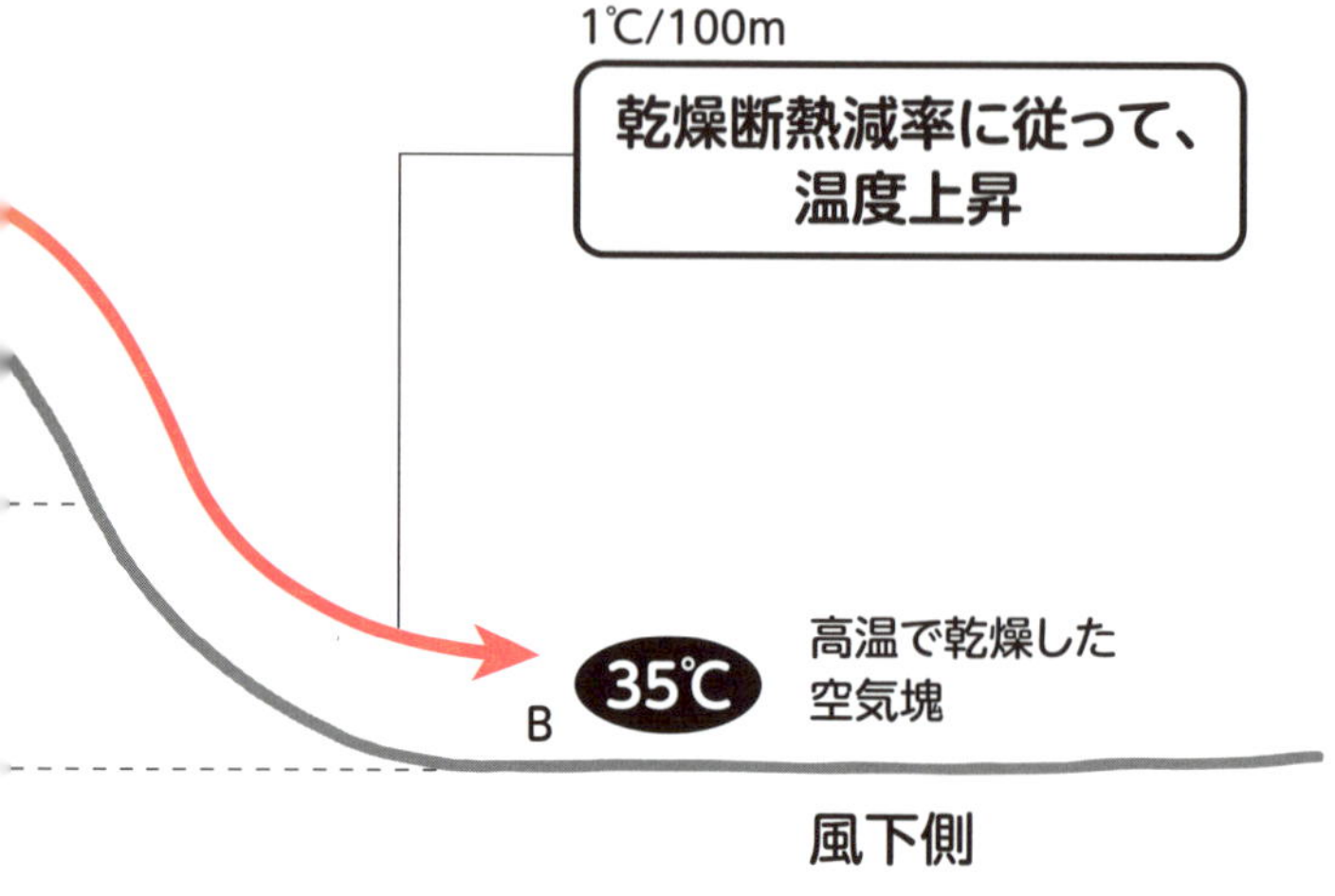

出典：『地学』（p238 図 26）啓林館から作成

ある空気に熱を加えずに上昇させると、膨張する（仕事をする）ことにより気温は低下します。この**熱力学の式に、静力学平衡の式（ある高さ上昇したときにどの程度気圧が下がるかの割合）を組み合わせると計算することができ、100mあたり0・98℃（約1℃）という答え**が得られます。この割合のことを**乾燥断熱減率**と呼びます。つまり、地上の気温からこの式に従って上空の気温をある程度まで推定することができるわけです。

しかし、この推定で注意が必要なのは、「上昇していく途中に水蒸気が凝結して雲ができることはない」という仮定を設けていることです。水蒸気が凝結して雲ができるときには、その水蒸気の持っていた熱をまわりの空気に放出するので、そのぶん空気の温度は下がりません。したがって、**途中で雲ができるときには、空気の温度低下率が乾燥断熱減率より小さくなります。この割合のことを湿潤断熱減率と呼びますが、100mあたり、普通には0・5℃程度**です。

ここで、**図1**のように空気が低地のA地点から

図1　フェーン現象の説明図

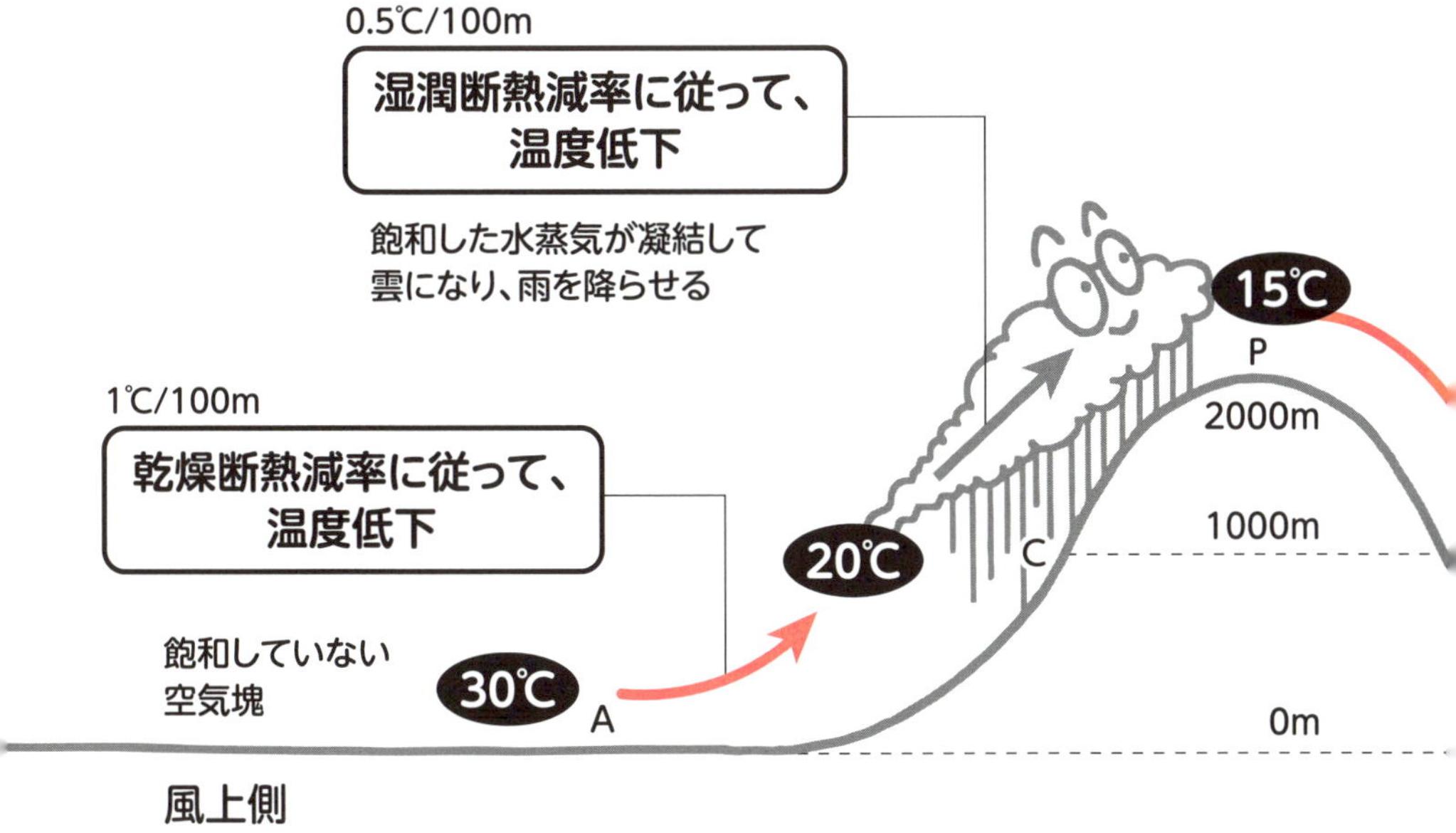

2000mの高さの山を越えて反対側の低地のB地点に達するときを考えましょう。途中、高度1000mのC地点から山頂のP地点までは雲が発生して雨が降り、反対側では乾燥して雲は無しとします。

簡単に計算するために、低地のA地点で空気の温度は30℃とします。雲が発生するC地点の温度は、A地点から乾燥断熱減率を使います。1000mで温度が10℃低下するので20℃になりますが、ここからP地点までは雲が発生するため湿潤断熱減率によって1000mで5℃下がり、P地点では15℃となるわけです。

反対に、空気が風下側で下降するときには気圧が上がるため空気の温度も上がり、雲が発生しないためP地点からB地点まで乾燥断熱減率によって2000mで20℃温度が上がり、B地点では結局35℃になります。

以上の例では、空気が雲をつくりながら山を越えたことにより、A地点の30℃からB地点が35℃と、5℃の気温上昇が生じたことになります。これがフェーン現象の説明で、空気の温度がもとの温度より上がることを意味するわけです。

ところで、欧州では、フェーンと並んで同じようにアルプス山脈からアドリア海に向かって吹き下りる、寒冷で乾燥した風「ボラ」が知られています。これは冬に起こる現象で、山を越える前に比べて空気の温度が上昇するものです。

ボラは、実際にはフェーンと同じ現象なのですが、山を越える前の空気の温度が非常に低いため、山越えで多少温度が高くなっても、風下側でこの風が吹きだす前の気温が高ければ、相対的に低温の風が吹いてきたと認識されます。そのため、ボラは低温の風として知られているのです。

08

PART3 気象学

台風はなぜ日本を直撃するのか？

夏場の北太平洋高気圧と偏西風が密接関係

日本では、**台風とは北太平洋西部（東経180度より西側）で発生した熱帯低気圧のうち、圏内の最大風速が34ノット（17・2m／秒）以上に達したもの**をいいます。通常、台風は海面水温が27℃以上の海域に発生しますが、**コリオリの力**が弱い熱帯の北緯5度から南緯5度では発生しません。なぜならば、台風は海面からの水蒸気の熱を熱エネルギーとして個々の積雲対流が組織化されることで生じるわけですが、風が収束する際に、コリオリの力と地表摩擦が必要となるため、北緯5度・南緯5度のコリオリ力の弱い海域では発生し得ないのです。

台風は、熱帯に近い海水温度の高い領域で発生しますが、**発生後、はじめは西進して行き、北緯20〜30度にある転向点を越えると加速して北東に進み、日本近海に達します。**年間に27〜28個の台風が発生しますが、例年は6月〜10月に日本付近に移動してきます。

台風の移動については、大規模な風で流される効果が大きく、高度3〜5㎞の風とよく対応しています。したがって、そのときの気圧配置によって進路は変わります。他の台風との相互作用などで複雑になることもありますが、**夏場に北太平洋高気圧が発達しているときはその西側の縁を回って北上し、その後は偏西風に乗って北東に移動する**と説明されています。

ところで台風誕生のころ、つまり、台風が熱帯付近の低緯度で発生したあとは、どのような力によって移動するのでしょうか？

その付近を吹く偏東風などの大循環の影響もありますが、発生時では惑星渦度が緯度により違う（**ベータ効果**）ということが効いています。**地球**

は地軸を中心として回転しているので、その回転する表面の大気は地球の自転の影響を受けて回転しています。

ただし、地球は球形をしているので自転の影響は緯度によって違います。**高緯度の平面上ではその回転がそのまま影響するために大きな回転（渦度）を持っています**が、例えば、赤道などの低緯度では地球の回転軸が地表面と平行になっていることで回転の影響はありません。赤道ではコリオリの力が働かないのと同じ理由です。**大気の絶対渦度は、このような地球の回転によって生ずる渦度（惑星渦度）と風などによって生じる地表に対する渦度（相対渦度）の合計（絶対渦度）**ですが、この**絶対渦度は保存**されます。

さて、北半球での話に限定して高緯度の大気が南の低緯度に移動した場合を考えてみましょう。

低緯度に行くに従って惑星渦度は小さくなるので、絶対渦度を保存するためには、相対渦度が大きくなる必要があるわけです。渦度は反時計回りを正にしているので、この場合は反時計回りに回

図1　ベータドリフトの説明図

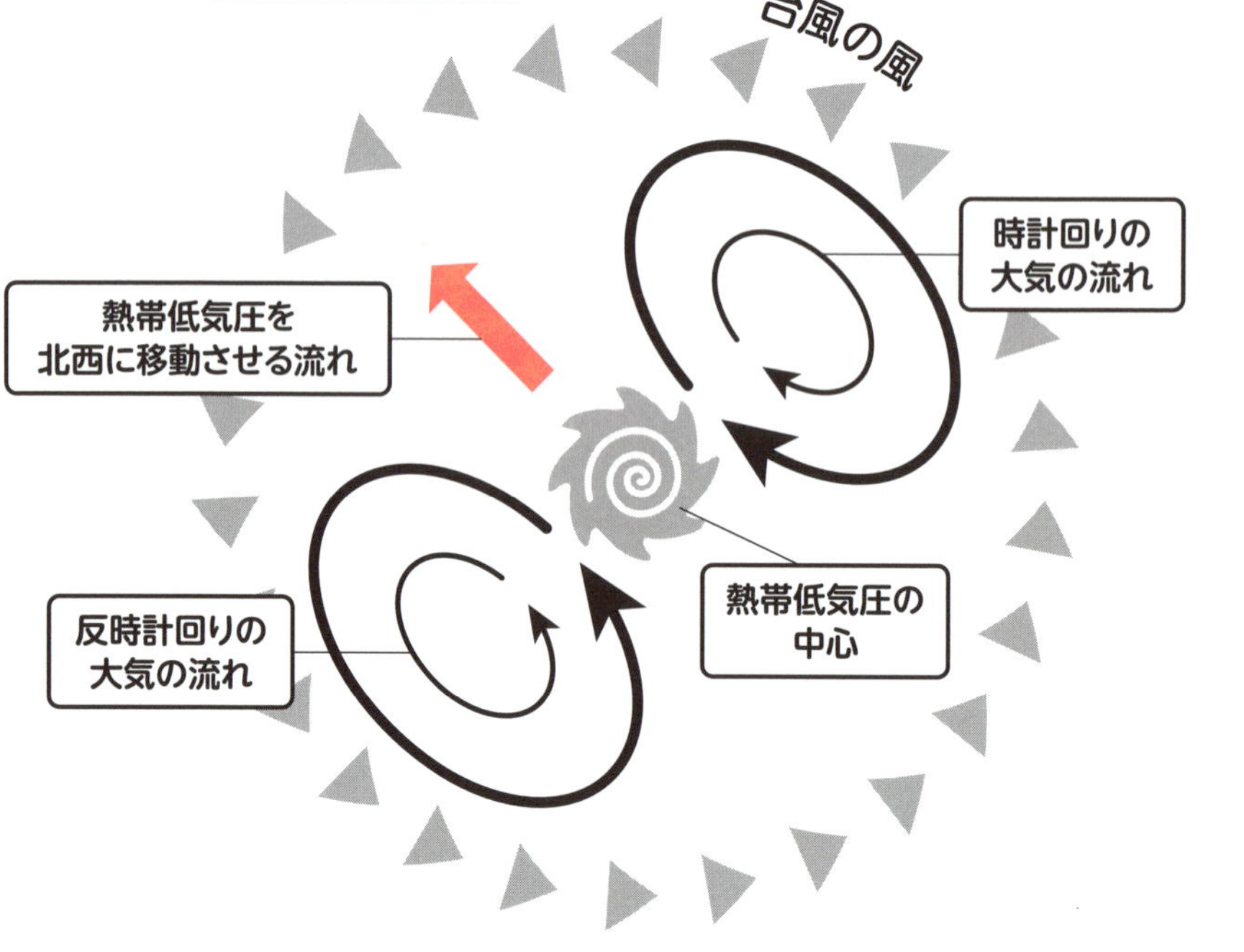

出典：「ベータドリフト．天気，60」（p133～135）山口宗彦（2013）から作成

転させる渦度が大きくなります。つまり、**北半球では南に行くに従って低気圧性循環が強まる**ことを意味します。ここでは**北にあった空気が南に移動したときには、反時計回りの回転モーメントを持った空気がやってきた**と捉えても良いでしょう。

一方、**低緯度にある空気が北に移動するときには、これとは逆に時計回りに回転させるモーメントを持った空気が来る**ことになります。

台風はかなりの大きさを持ったものですので、**台風の西側（北風）と東側（南風）の間にこのような二つの渦ができあがる**ことになり、内部ではこの力が合成されて北西方向に向かう力ができあがります。**この効果をベータドリフトと呼び、上空の風の強くない領域での初期の台風は、この力によって北西に進む**ことになります（**図1**）。

なお、ベータ効果は、世界をまわる海流のうち、黒潮やメキシコ湾流など海洋の西岸で強くなる海流の説明にも用いられます。

COLUMN

コリオリの力

回転している物体の上では、まっすぐ進もうとする物体はみかけ上の力を受け、運動方向が曲げられたようにみえる。例えば、図のように反時計回りに回転している円盤の中心から外側に向かって、A君がB君に球を投げたとする。投げられた球は矢印の方向にまっすぐに進むが、B君に到達する前にB君は回転方向に移動してしまうので、B君からは球が左にズレたようにみえる。

一方、投げたA君からは球が右に曲がったようにみえる。このように、**物体の運動方向を曲げたようにみえる、みかけ上の力がコリオリの力（転向力）**だ。

地球も回転しているため、低気圧や高気圧など大規模な大気の流れに影響を与える。ただし、地球は回転している円盤ではなく、球体であるためにコリオリの力は緯度によって異なる。高緯度で大きく、低緯度では小さい（赤道では働かない）という性質を持つ。

真上から反時計まわりの円盤をみたとき

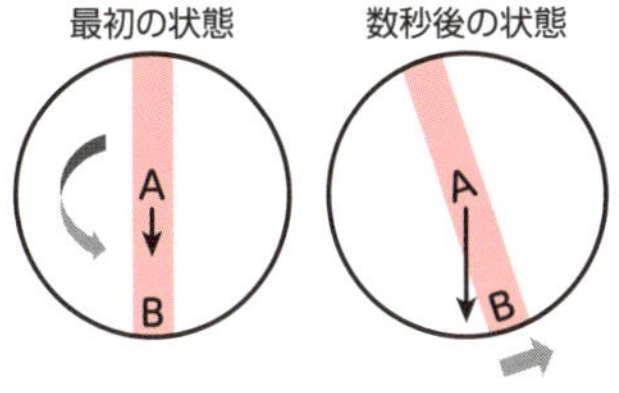

PART3 気象学

09 ゲリラ豪雨はなぜ起きるのか？

豪雨が増大しながら降水日数減少の不思議

局地的な短時間豪雨のことをゲリラ豪雨と呼んだりしますが、正式な気象用語ではありません。マスコミの新語・流行語大賞として選ばれたことから一般化したと思われます。定義はなく、おそらく気象庁が用いている「集中豪雨」「局地的大雨」に該当する用語でしょう。したがって、ゲリラ豪雨の原因を特定したものはありません。

ただし、短時間に局地的に降る雨ならば、台風や発達した低気圧、梅雨前線によるもの、地形等による局地的な上昇流によって強化されたもの、夏季の雷雨、などが原因とみられます。最近では、都市化によるヒートアイランドが上昇流の原因として豪雨を強化しているという指摘もありますが、まだその関連性は明らかになっていません。むしろ、都市化によるアスファルトなどの被覆率が高まったことで、雨水の流出による被害が高まったことなどが問題になっていると思われます。

ところで、こうした豪雨は最近増加しているのでしょうか？

気象庁では、気象官署のほかに全国のアメダス観測地点で降水量の観測を行っています。この中からアメダスの1時間降水量50㎜以上の年間発生回数の統計（統計期間1976～2017年）では、10年あたり20・5回の増加（信頼度水準99％で統計的に有意）です。**最近10年間（2008～17年）の平均年間発生回数（約238回）は、統計期間の最初の10年間（1976～85年）の平均年間発生回数（約174回）と比べて約1・4倍に増加（図1）しながら、全国日降水量1・0㎜以上の年間日数（降水日数）は減少（図2）して**います（統計期間1901～2017年で100

年あたり9・7日の減少。信頼度水準99％で統計的に有意）。したがって、最近は極端な雨の降り方に変わってきたといえるでしょう。

この原因については、さまざまな自然変動サイクルの変化もあるため、簡単に回答できませんが、**少なくとも地球温暖化に伴って強雨の頻度は増加しており（雨の降り方が変わり）、今後も（モデル予測でも）その傾向が続くことはＩＰＣＣの報告書によって指摘**されています。

むかしのような情緒のある雨が少なくなり、熱帯のスコールのような雨に変化する傾向があることは、生活文化への影響という意味で懸念されることかもしれません。

図1　1時間降水量50㎜以上の年間発生回数

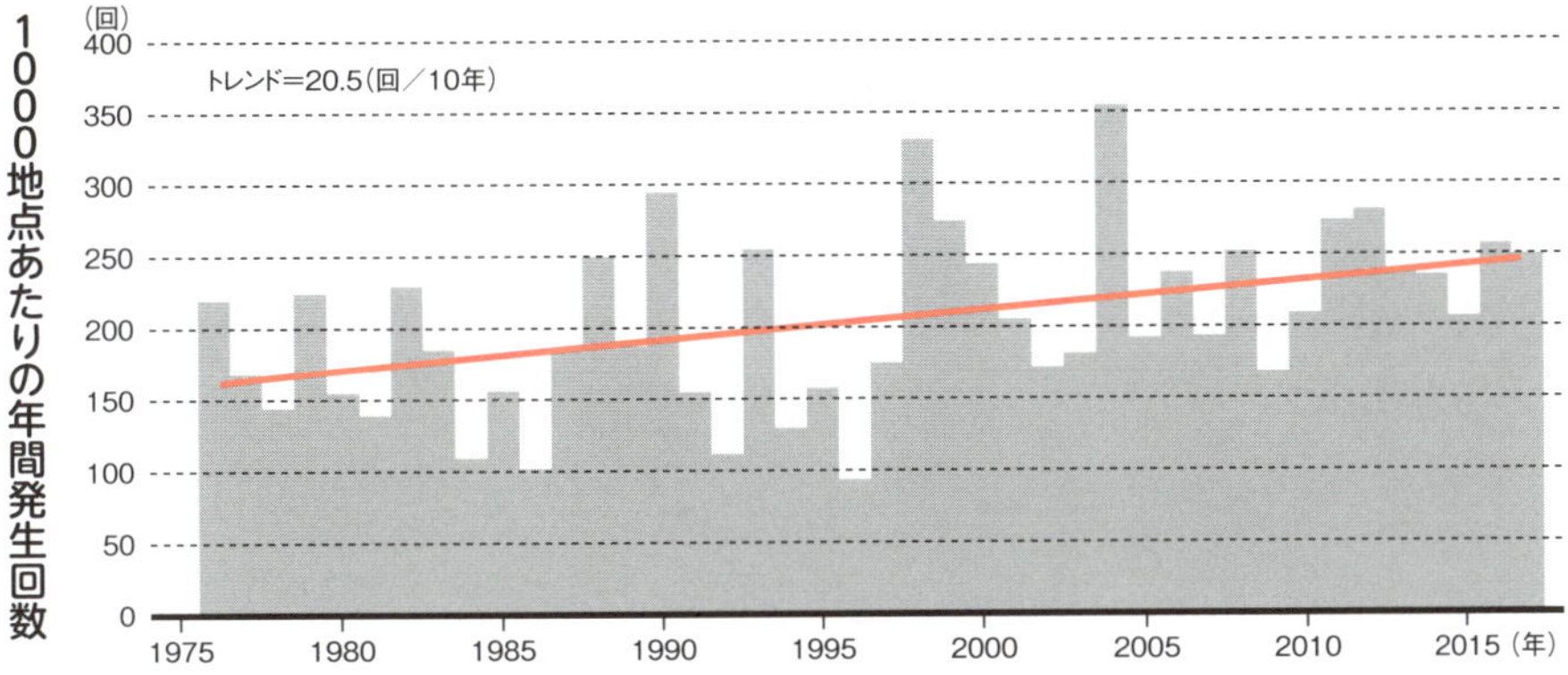

図2　日降水量1.0㎜以上の年間日数(51地点平均)

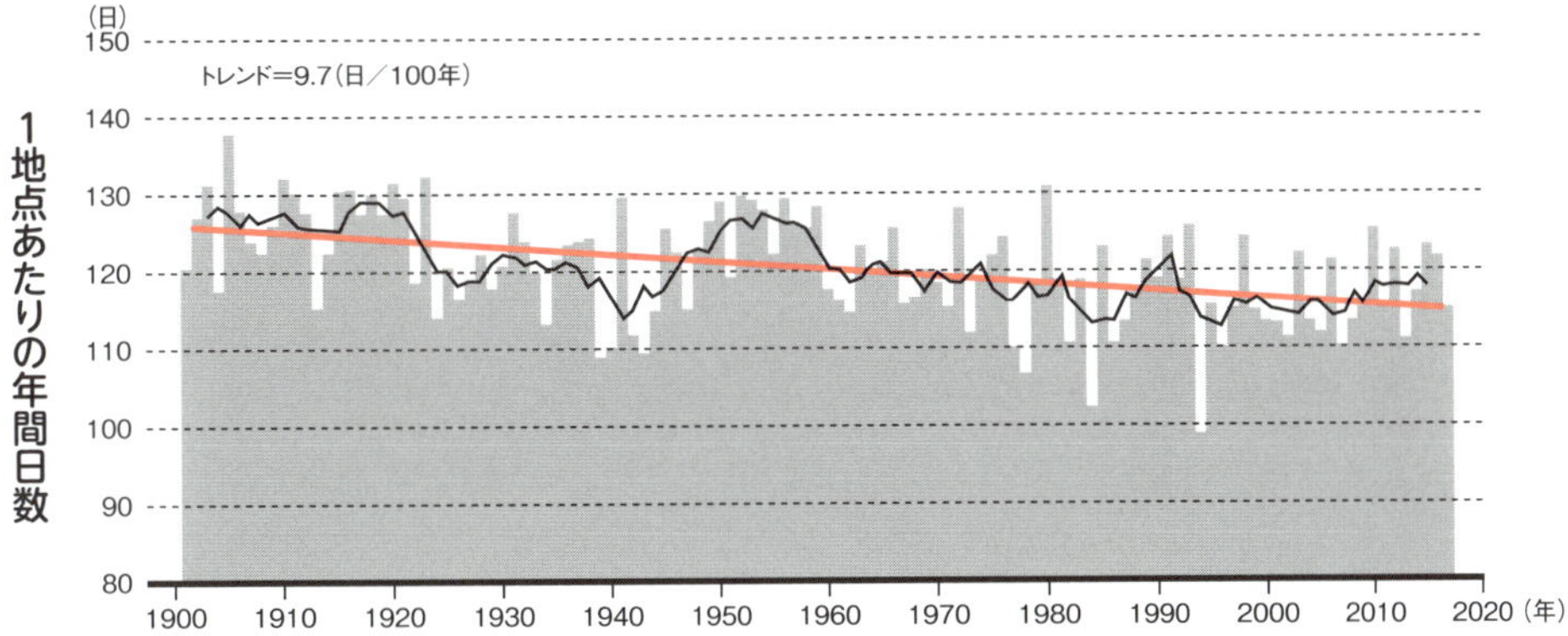

出典:気象庁HPから作成

10 太陽に近い山の上が寒いのはなぜか？

熱エネルギーを失った空気は温度が下がる

地球の上空、地上から宇宙空間までの温度分布はどうなっているのでしょうか？

大気のある範囲でみると地上から対流圏、成層圏、中間圏、熱圏となっており、**図1**のような温度分布になっています。一般的には太陽の熱によって暖められた地球から外側に行くほど温度は下がる傾向にありますが、**成層圏では大気に含まれているオゾンが紫外線を吸収することにより温度が上がります。また、熱圏では酸素やチッ素の分子などが、太陽の紫外線とX線を吸収しているために温度が高く**なっています。

さて、ここでは私たちが生活する対流圏（雲や雨などの気象現象が起きる地上10㎞くらいまでの範囲）についてみてみましょう。例えば、高い山の上を考えると、太陽に近いのに一般に低地より気温が低いことを知っています。これを明らかにするためにまず気圧についてお話しします。

地球は大気におおわれていますが、大気（空気）にも重さがあるので、その大気の底に暮らしている私たちは、**常に頭・体にその大気の重さ（圧力＝気圧）を受けている**わけです。この大きさはどのくらいかというと、**標準大気で1013hPa（水の柱で例えれば約10ｍ）といった程度**で、かなり大きなものといえます。

さて、この大気の柱について考えれば、上空に行くほど大気の量が少なくなるので、受ける圧力は小さくなり（**図2**）、例えば、5500ｍの山の上では大気の圧力は標高0ｍの地点の約半分になります。つまり、気圧は半分になるといえます。

熱力学の第一法則に従えば、空気に対して与えられた熱は、その空気の温度を上げることにも使われますが、そのほかにその空気が膨張すること

図1　気温の鉛直分布

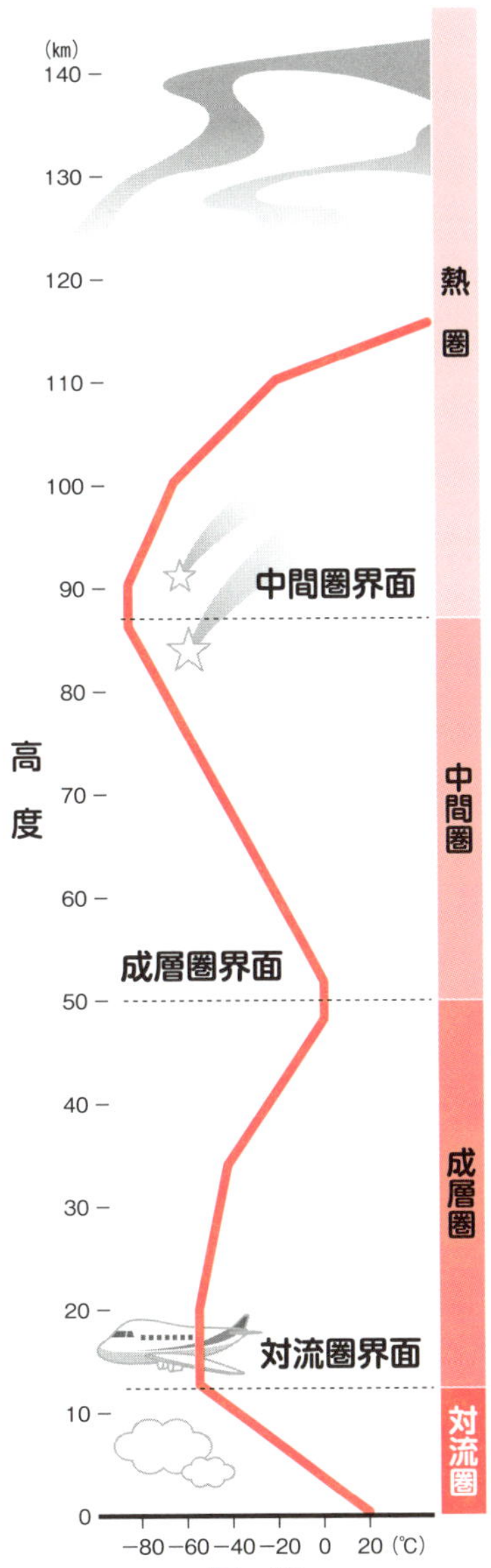

出典:『地学』(p222 図4)啓林館から作成

により行った仕事のエネルギーにも使われます。

したがって、仮に**空気に熱が加えられない場合、その空気が膨張（断熱変化という）したとすると、その空気が持っていた熱エネルギーによってまかなわれる**ことになります。すなわち、**空気は熱エネルギーを失って温度が下がる**ことになります。

ここで、標高の低い平地から風によって空気が高い山に運ばれる場合を考えてみます。先述したように上空に行くほど気圧が低いわけですから、持ち上げられた空気の気圧はもとからそこにあった周囲の気圧に比べて大きくなります。そのために膨張するという仕事をすることになり、その空気自身の温度が低下することになります。

このように気圧の低い上空では空気は低地にあるときより温度が低くなることから、高い山の上では低地より温度が低くなります。低くなる程度は、「フェーン現象～」（82p）の項を参照してください。

図2　気圧の説明図

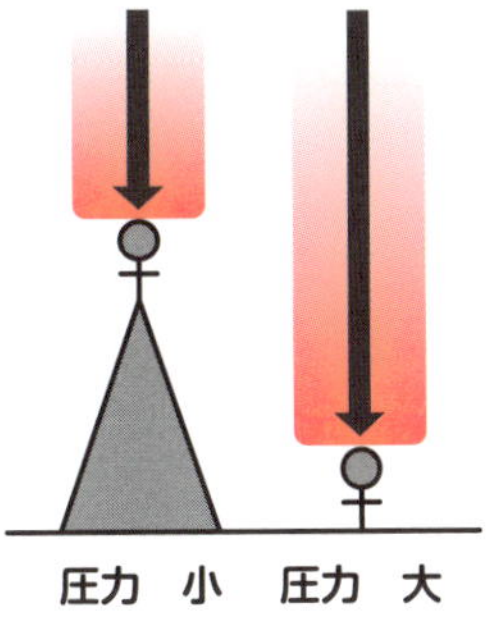

11 雲はどうしてできるのか?

空を浮遊する雲は飽和した空気中の水蒸気だ

空気中の水蒸気が集まってできた水滴や氷の粒が固まって浮遊しているのが雲です。空気というのは、その中に含むことのできる水蒸気（気体）の量が決まっていて、その限界を越えると余った水蒸気が凝結して水滴（液体）になってしまいます。

空気中に含むことができる水蒸気の量を飽和水蒸気量と呼びますが、これは温度によって決まっていて、**温度が高いほど多くの量を含む**ことができます。例えば、**図1**のように30℃の空気の飽和水蒸気量は約30g／㎥、すなわち1㎥の空気あたり約30gです。

いま30℃で飽和している空気があるとして、これを20℃まで冷やしたとすると、20℃での飽和水蒸気量は約16・5g／㎥なので、1㎥の空気あたりで約13・5gの水蒸気が凝結して水滴になります。この水滴が雲になるわけです。

上空に行くほど温度が下がります。したがって、ある程度の水蒸気を含んだ空気が上空に行くと（フェーン現象のように斜面に沿った風で強制的に空気が上昇する場合や低気圧の中の上昇流など）温度が下がり、**空気の持っていた水蒸気がその温度の飽和水蒸気量に達したときに、雲ができる**ことになります。

しかし、微小な水滴の場合には、表面積を小さく保とうとする表面張力のために凝結が妨げられ、この温度より低くなっても水蒸気の凝結だけで10μm程度の雲粒（半径0・01㎜程度の水滴）が形成されることはありません。現実的には凝結の中心となる核（凝結核）があり、そこに水蒸気が凝結することが必要です。凝結核となる微粒子（エーロゾル）には海塩粒子や土壌粒子など自然起源のものや、煤《すす》など人為起源のものもあります。

雨は、形成されるメカニズムによって冷たい雨と暖かい雨とに分類されます（**図2**）。積乱雲などの中でできた氷晶（氷の粒）が、過冷却水滴から水を奪って雪、霰《あられ》や雹《ひょう》などへ成長しますが、これが落下中に溶けて雨となったときにできた雨を冷たい雨といいます。

一方、氷晶を含まない雲の内部で上昇・下降を繰り返すうちに落下速度が速い大きな雲粒が小さな雲粒をとらえたりして大きな雨粒に成長します。こうしてできた雨を暖かい雨といいます。

冷たい雨は特に高緯度の上空で形成され、暖かい雨は低緯度や中緯度の暖候期に形成されます。

図1　気温と飽和水蒸気圧

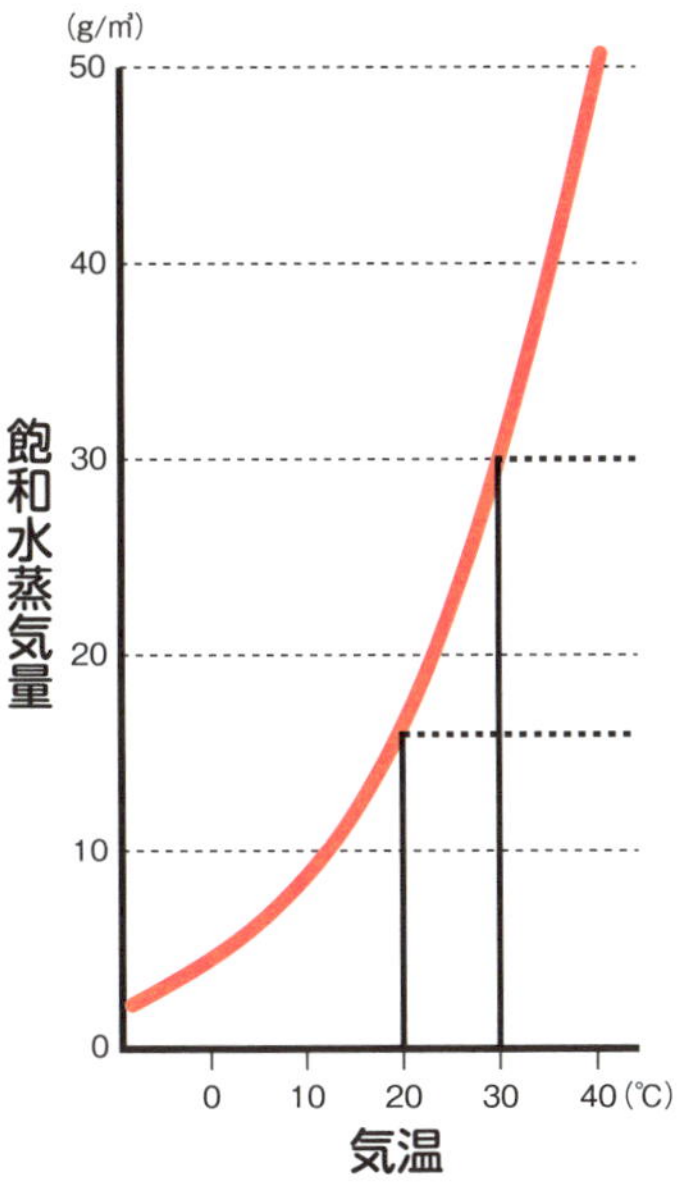

出典:「地学」(p114 図10)啓林館から作成

図2　冷たい雨と暖かい雨のつくられ方

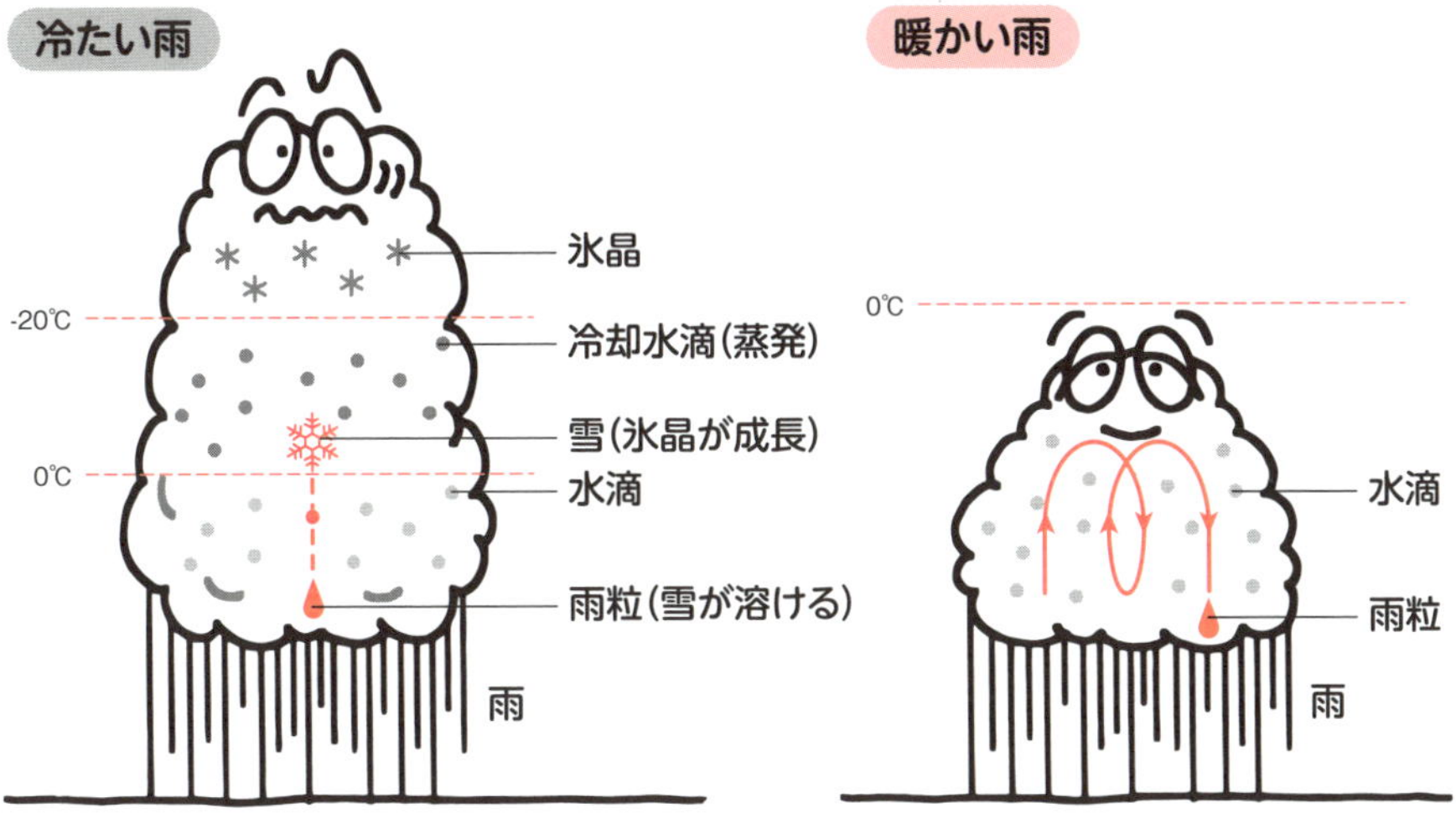

出典:『地学』改訂版(p241)啓林館から作成

PART3 気象学

12 竜巻はなぜ起きるのか?

竜巻にはスーパーセルと非スーパーセルがある

気象庁の定義に従えば、**竜巻とは「積乱雲に伴う強い上昇気流により発生する激しい渦巻で、多くの場合、漏斗《ろうと》状または柱状の雲を伴う」**ものです。竜巻と混同しやすいものの中に塵旋風《じんせんぷう》とつむじ風がありますが、気象庁によれば、**塵旋風は「晴れた日の日中などに地表付近で温められた空気が上昇することにより発生する渦巻《うずまき》」**であり、また、**つむじ風は「地形や建物などに風があたった影響で地表付近に発生する渦巻**で、寿命は短く、被害が生じることはまれです」とされています。ここで重要なのが、**塵旋風、つむじ風は共に積雲や積乱雲に伴うものではない**ということです。

小林文明氏(2004年)の説明を参考にすると、竜巻を「**スーパーセル竜巻**」と「**非スーパーセル竜巻**」に分けて、それぞれの発生メカニズムが説明されています(96p参照)。**スーパーセルとは組織化されて巨大に発達した特別な積乱雲であり、鉛直方向に風が変化する影響で、積乱雲自体が回転するのが特徴**です。

実験室でつくった模擬竜巻(**図1**)の渦の変化をみるように、フィギュアスケートの選手がスピンをするときに、はじめ大きく手を広げてゆっくりと回転していたものが、手を縮めると回転のスピードが上がるのをご存知かと思います。これは同じ回転のエネルギーがあれば回転の半径を小さくすると回転速度が上がるという原理に基づいています。これと同じで、**地上付近でゆっくりとした回転をした渦の管(渦管と呼ぶ)が縦に引きのばされてその半径が小さくなったときには、速度が上がり、強い回転を持った竜巻へと成長する**ことを意味します。

低気圧などでは、通常、気圧傾度力(低気圧の中心は気圧が低いので、そこに向かう力）とコリオリの力、回転により外側に向かう遠心力の三つが釣り合って風が吹きますが、竜巻は水平スケールがこれらと比べて小さいため、コリオリの力は無視でき、気圧傾度力と遠心力の二つのバランスで考えられる旋衡風と同様に扱えます。

コリオリの力が無視できるということは、低気圧や高気圧のようにその回転方向が定められるものではないため、**竜巻は時計回りも反時計回りもどちらも存在しうる**といえます。

メソサイクロンに伴われる竜巻の場合には、回転方向はメソサイクロンと同じ回転方向、すなわち、北半球では反時計回りになることが多くなっています。

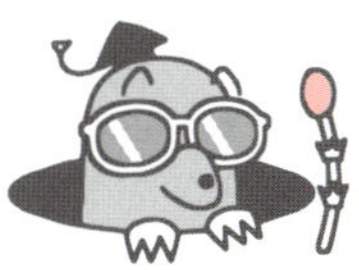

図1　模擬竜巻実験

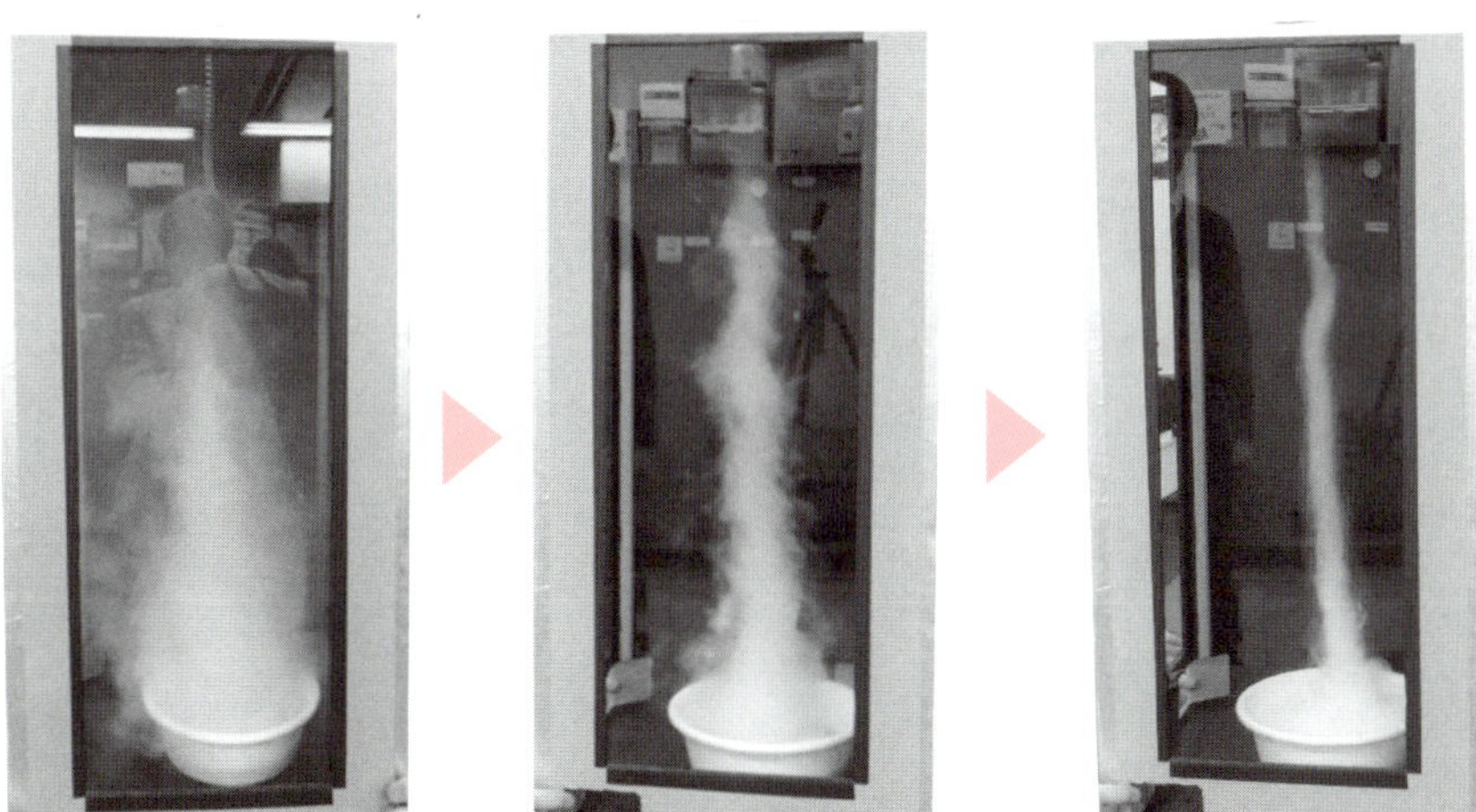

箱の下辺の四隅から空気を入れて回転させ（渦をつくり）、それを掃除機で鉛直方向に引きのばす（上昇流を模擬）。白く見える煙はドライアイス。

非スーパーセル竜巻

1 地上付近で風がぶつかり風の水平シアーができる。

2 シアーライン上は不安定になり、地上付近でいくつもの渦ができる。

3 たまたまそこを通りかかった発達中の積雲・積乱雲の上昇流とこの渦がカップリングすると、渦は上昇流により上方に引き延ばされて、竜巻（鉛直渦）となる。

水上竜巻
2005年アメリカ・フロリダ州プンタゴルダ
（この竜巻は非スーパーセルか、スーパーセルかは不明）

スーパーセル竜巻

1 積乱雲の雲底下では風の鉛直シアー（高度方向に風が変化すること）によって水平渦が形成される。

2 この水平渦を積乱雲の強い上昇流が持ち上げて鉛直渦となり、これが竜巻の親渦（メソサイクロン）になる。

3 積乱雲で形成された冷気の塊が下降流となって地面にあたり、水平に進む風（アウトフロー）の先端（ガストフロント）では乱れが大きくなって渦（ガストネード）が形成される。

4 この上空のメソサイクロンと地上のガストネードが結びついて、地上から上空までの竜巻が形成されると考えられる。竜巻でみられる漏斗雲は、竜巻に吸い込まれた空気中の水蒸気が急激な気圧低下により凝結して生じたもので、空気が乾燥している場合にはみられないこともある。

見た目は普通の雷雲のようだけど、水平方向へ大規模に回転してるんだ

PART 4

地質学

(log mm³)
原核生物
原生生物
動物（多細胞）
維管束植物
最大の単細胞生物
最大の原核生物
グリパニア化石
エディアカラ・ベンド生物
シロナガスクジラ
セコイア
単細胞→多細胞
体積増大～100万倍
原核→真核
O_2 ～100%PAL
生物体積
暁始生代
古始生代
中始生代
新始生代
始太古代
古原生代

PART4 地質学

01 日本列島はどのようにしてできたのか？

2000万年前に誕生し、2億5000万年後に消滅

日本列島の起源は約7億年前にさかのぼる一方で、残念ながらいまから約2億5000万年後に日本列島は消滅する予定なのです。ですから、しめて約9億年の歴史を残すことになります。

この9億年間は、大きく三つの時代に区分されます。すなわち、**図1**の、

①7〜5億年前の大西洋型大陸縁の時代

②5億年前から約5000万年後の太平洋型大陸縁の時代

③5000万年前後から2億5000万年前までの大陸衝突の時代

日本は、約7億年前の超大陸ロディニアの分裂で生まれました。ロディニア分裂によって、現在の中国南部を中心とした先カンブリア時代の岩石を持つ大陸塊（大・南中国地塊）が独立したときに、日本はその大陸縁辺の一部をなしていました

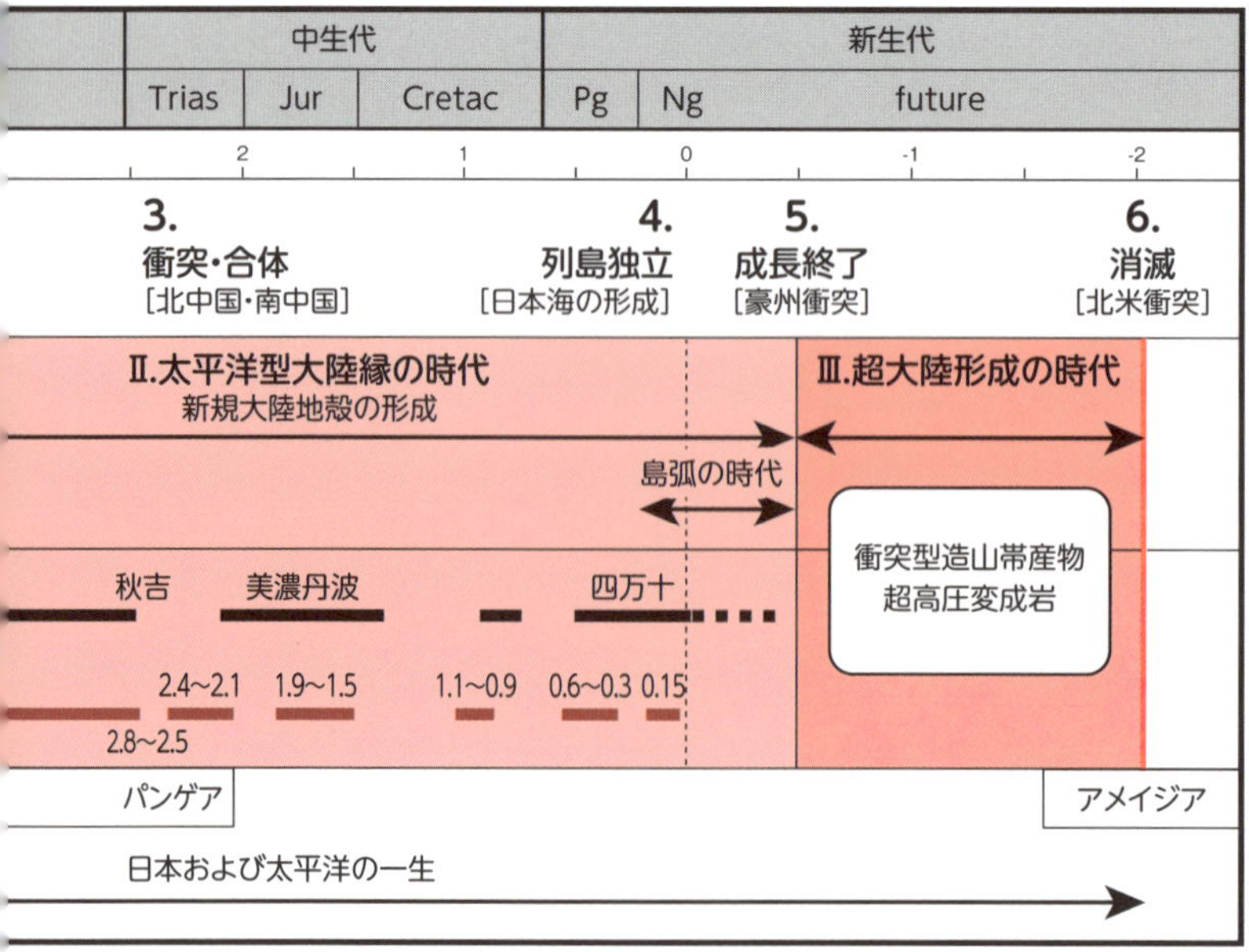

（図2）。このときの日本を含む地塊の周辺は、現在の大西洋岸（ニューヨークやボストンを含む北米東海岸など）のように、プレート境界がない大陸縁でした。

やがて、5億年前ごろに大陸と海洋の境でプレート沈み込みがはじまり、日本の海側は現在にみられる太平洋型大陸縁に変わりました。基本的にその体制が現在まで続いています。地下では活発なマグマ活動が起きて大陸地殻（花崗岩類）がどんどん付け足され、また、海溝では付加体がつぎつぎに形成されてきました。

付加体は、主に海溝へ持ち込まれたチャートなどの海洋堆積物と陸上からもたらされた砂や泥でつくられますが、いつも若い付加体が古い物の下から貼り付けられるので、みかけの重なり順は普通の地層とは反対に、上ほど古く、下ほど若い順に重なっています。

私たちが住む現在の日本列島の地表は、過去5億年間につくられた花崗岩類と付加体でできています。2億3000万年前に南中国地塊は、現

図1　日本と太平洋の生成消滅の年表

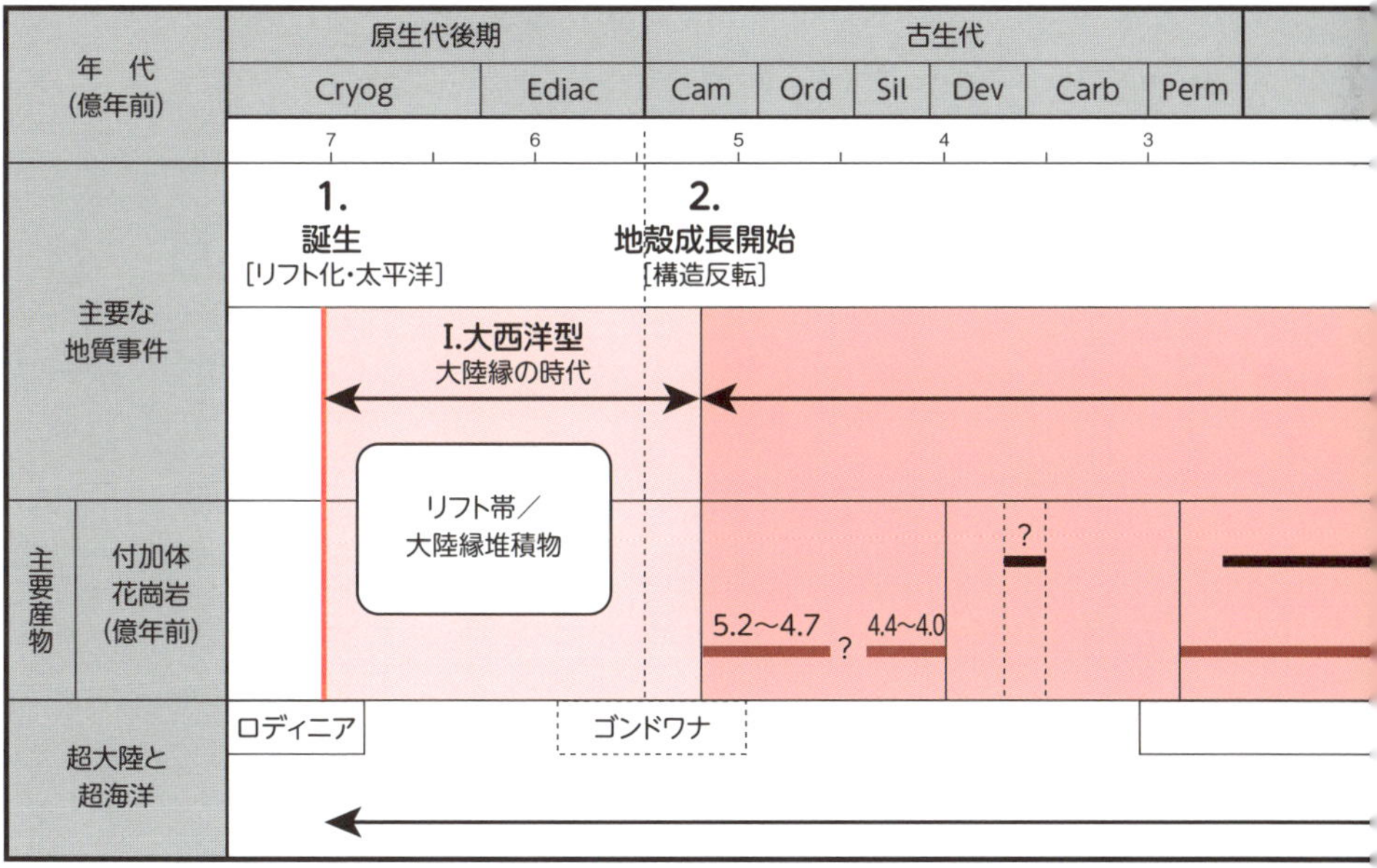

在の中国北部と朝鮮半島主部からなる北中国地塊と衝突・合体しました。それに伴って、日本は超大陸パンゲアの東端に取り込まれ、ユーラシア大陸東端という現在の位置がほぼ固まったのです。

ところが、**約2000万年前に日本にあたる部分と大陸との間に大きな切れ目（リフト帯）が生じて、その隙間に日本海が出現**しました。その結果、**日本は初めて独立して、いまのような日本列島という形になりました**。それまで同じように成長してきた**西南日本と東北日本がこのときに分断され、明瞭な切れ目が中部地方と関東地方にできました。それがフォッサマグナです**。西端は静岡と新潟県糸魚川を結ぶ断層（糸魚川‐静岡構造線）で、東端は利根川中流域の地下および茨城県の棚倉構造線にあたります。

現在のプレートの動きがそのまま未来にも引き続いていくと仮定すると、**約5000万年後にオーストラリアが赤道を越えて北上し、パプアニューギニアやフィリピンの島々を壊しながら、ユーラシア大陸の東端、すなわち日本列島に衝突すると予想（図3）**されます。この時点で日本は海から隔てられた陸地の中に閉じ込められることになります。

さらに**2億5000万年後には北米大陸がユーラシアに衝突・合体して、次世代の超大陸アメイジア（アメリカ＋アジアの意味）が誕生すると予想**されます。

かつての日本列島にあたる部分は、主要大陸同士の衝突境界になってアルプスやヒマラヤ山脈のような地帯が形成される一方、太平洋はその一生を終えることになるのです。

7億年前に
超大陸ロディニアが分裂し
日本・太平洋が
誕生したよ

図2　日本の起源
北極
60°N
30°N
赤道
30°S
60°S
南極
Greater-Ind
Alg
インド
豪州
北中国
シベリア
南中国
南極東部
Kal
北米
北欧
コンゴ
Rio
アマゾン
W.Af
日本誕生

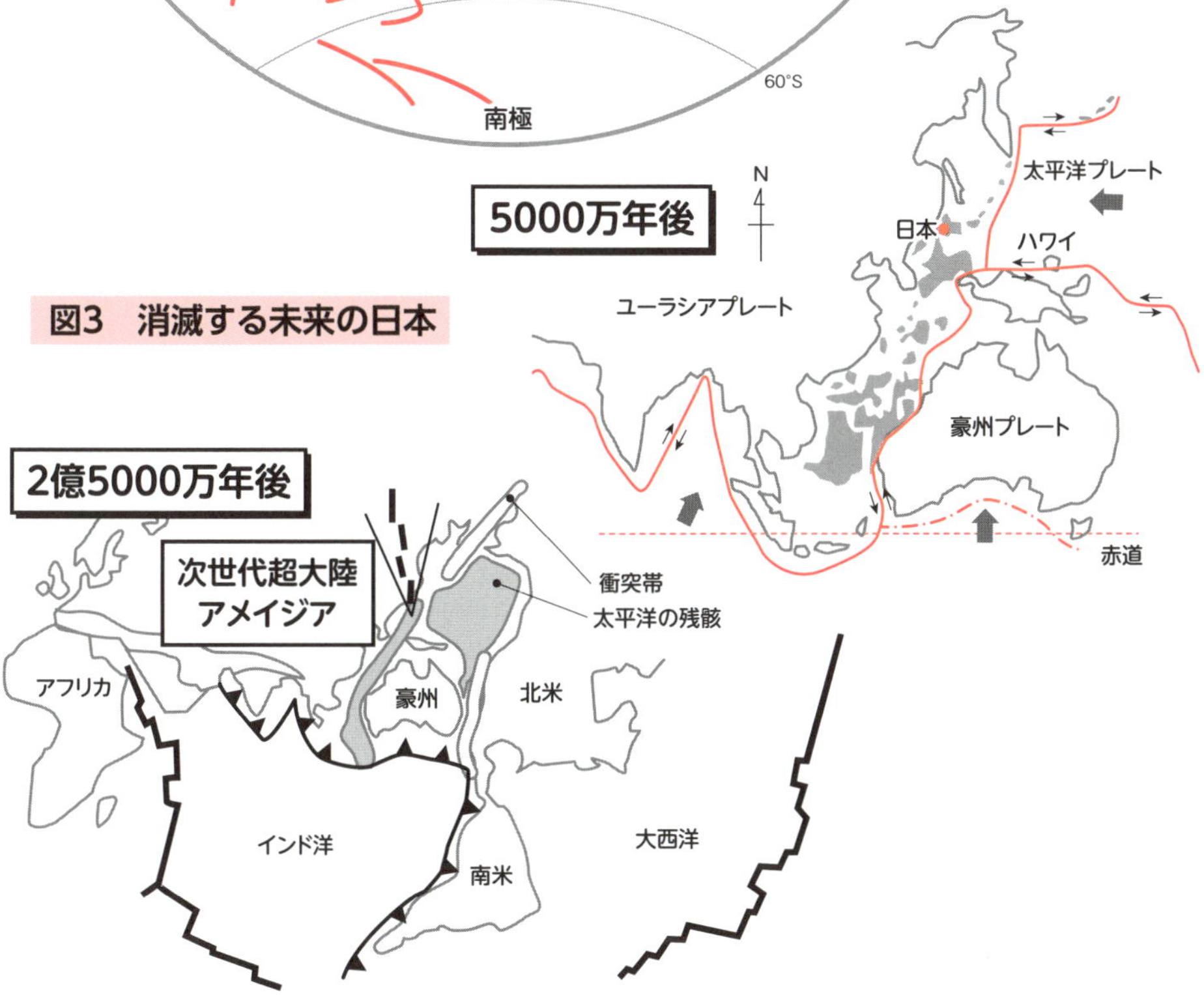
図3　消滅する未来の日本
5000万年後
N
太平洋プレート
日本
ハワイ
ユーラシアプレート
豪州プレート
赤道
2億5000万年後
次世代超大陸
アメイジア
衝突帯
太平洋の残骸
アフリカ
豪州
北米
インド洋
南米
大西洋

02 マグマが冷えると宝石ができるのか？

マグマから宝石はできにくいが、例外はダイヤモンド

さて、いったい宝石とはなんでしょうか？

人間世界では、高い値のつく貴重な鉱物が宝石というわけでしょう。宝石の条件としては、

①まれにしか見つからない
②硬く壊れにくい
③美しい結晶である

などがあります。

マグマが冷えてできた火成岩を構成する造岩鉱物には、長石、石英、輝石、かんらん石、角閃《かくせん》石《せき》、雲母などがありますが、このうち**宝石となり得るのは石英やかんらん石**です。

石英の場合は、六角柱状の美しい結晶形をしたもの（**水晶**と呼ぶ）で、いろいろな色のついたものに限られます。例えば、紫色した水晶は**アメジスト**と呼ばれる宝石の一種です。かんらん石もマグネシウムに富んだ美しいオリーブ色をした大型のものは、**ペリドット**という宝石になります。

ただし、アメジストはマグマからではなく熱水などから結晶化したもので、ペリドットも火山岩ではなかなかみつかりません。ですが、マントルはかんらん岩というかんらん石を多く含む粒の粗い深成岩からできているので、ペリドットばかりという場所もたくさんありそうです。

よく知られた高価な宝石としては、**ルビー**、**サファイア**、**エメラルド**、**ヒスイ**、**ダイヤモンド**などがあります。

アルミニウム酸化物で赤い色がついたものがルビー、青い色のついたものはサファイア、無色透明の場合は**コランダム**です。いずれもきわめて硬い鉱物です。

エメラルドは緑色をした美しい鉱物で、ベリリウムという元素を含んだ緑柱石のことです。

ヒスイは、ヒスイ輝石とも呼ばれる輝石の一種ですが、主として緑色を帯びた硬い鉱物です。**図1**はダイヤモンドとヒスイの変成反応の温度です。

ダイヤモンドは炭素から**超高圧でできた鉱物**で、屈折率が高く、きわめて硬い鉱物です。これらは、高い圧力でできた変成岩に伴うもので、火成岩ではみられません。

例外はダイヤモンドで、**キンバーライト**という炭酸塩を多く含む特殊なマグマ由来の火山岩にみられます。**マントルの超高圧の世界から、マグマによって一気に運ばれてきた**のです。ほとんどのダイヤモンドは、このキンバーライトから採掘されています。

このように、普通、**宝石はマグマからはできにくい**ようです。

図1　ダイヤモンドとヒスイの変成反応の温度

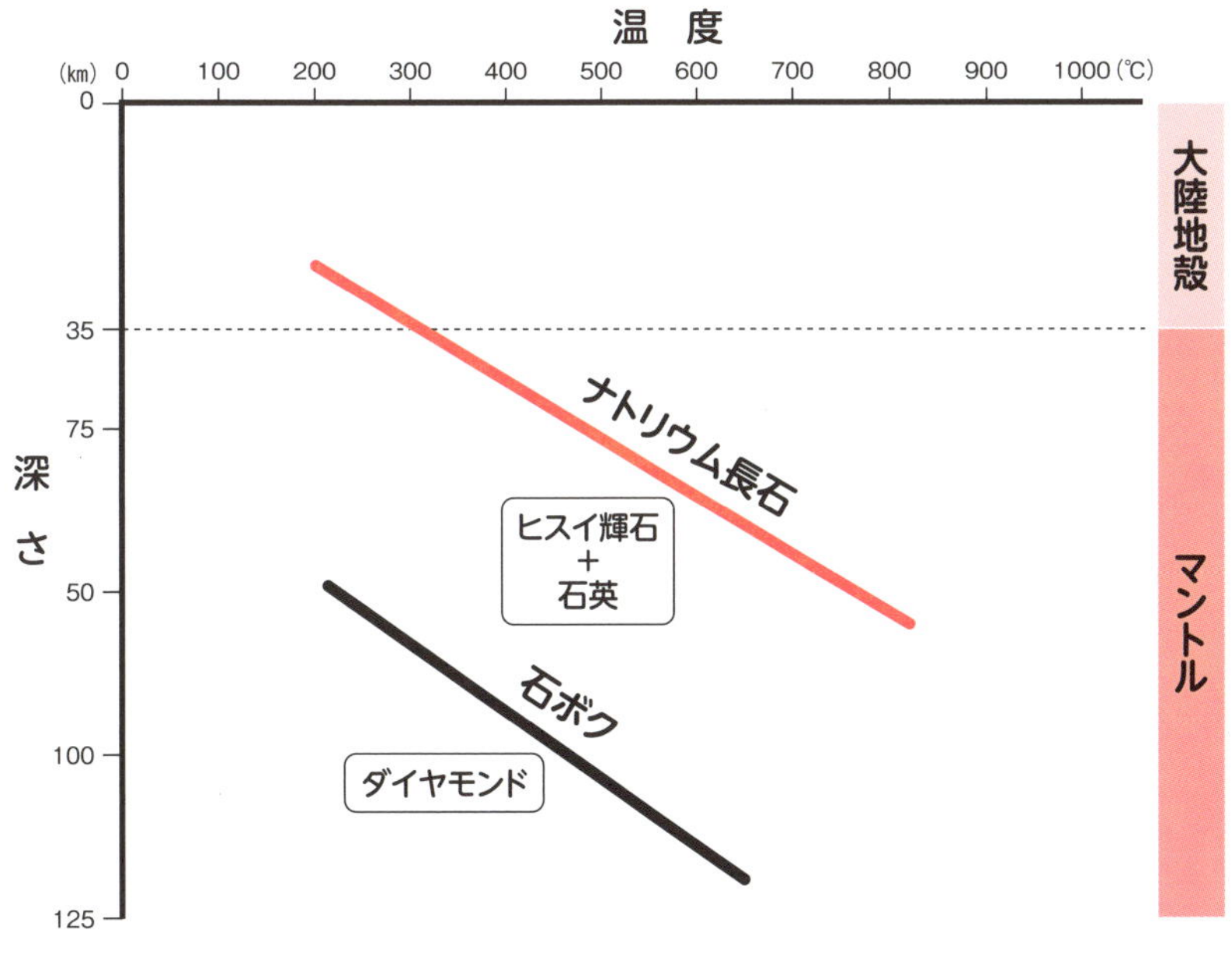

03

PART4 地質学

地層はなぜ地球表層の記録を表すのか？

地層で初期地球からの表層環境の変遷が解読可能

地層とは、いったいなんでしょうか？

簡単にいえば、地中にある岩石の層ですが、もう少し詳しくいえば、層状をなして累積している堆積岩の集まりです。ところが、この層状の岩石にはいろいろな情報が詰まっています。その情報とは、**岩石や地層は、それができたときの記録を保持しているため、過去の地球を探るうえで貴重な情報源（図1）**ということです。

特に**生物の生息場所である地球表層の過去の環境復元については、堆積岩（地層）の記録が何よりも重要**です。

地層は、既存の岩石が地表で削られ、河川を通して運搬されたあとに、最も重力的に安定な海（あるいは湖や河川）の底に堆積してできます。堆積した順番に累重してゆくので、**厚い連続地層記録は、その堆積場所の環境変化の連続記録にあたります（図2）**。いったん堆積した地層の順番は、書籍のページ順と同じです。

それぞれの地域に**堆積した地層記録の研究によって、その地域の環境変遷を探る**ことができますが、もっと長い時間スケールでは**初期地球から現在にいたる表層環境の変遷史が解読できます。**

惑星表層に液体の水が、40億年以上にわたって安定に存在し続けたのが地球の特徴であり、それゆえ太陽系の中で地球だけがこのような長期の表層地層記録を保持しています。そのために、とても貴重です。

最近、初期火星に流水の痕跡が発見されましたが、期間がとても限定されています。これに対して、火成岩や変成岩は固体地球自体の変化を記録してはいますが、記録の連続性および精度においては地層の比ではありません。

図1　地層は過去の生成時の記録を残す貴重な情報源

房総半島に200万年前の巨大地震の跡を残す大規模海底地滑り「巨大乱堆積層」。場所は安房グリーンライン安房白浜トンネル近く。400～1000万年前に水深1500～2000mの深海に積もった砂や泥の層が隆起し、分断された深海の地層が出現。房総半島の沖合には地殻変動の原因となる相模トラフがあり、数百年ごとに大地震が起きて海底隆起する。そのスピードは7000年間で35mという世界最速とか。

図2　地層は環境変化の連続記録

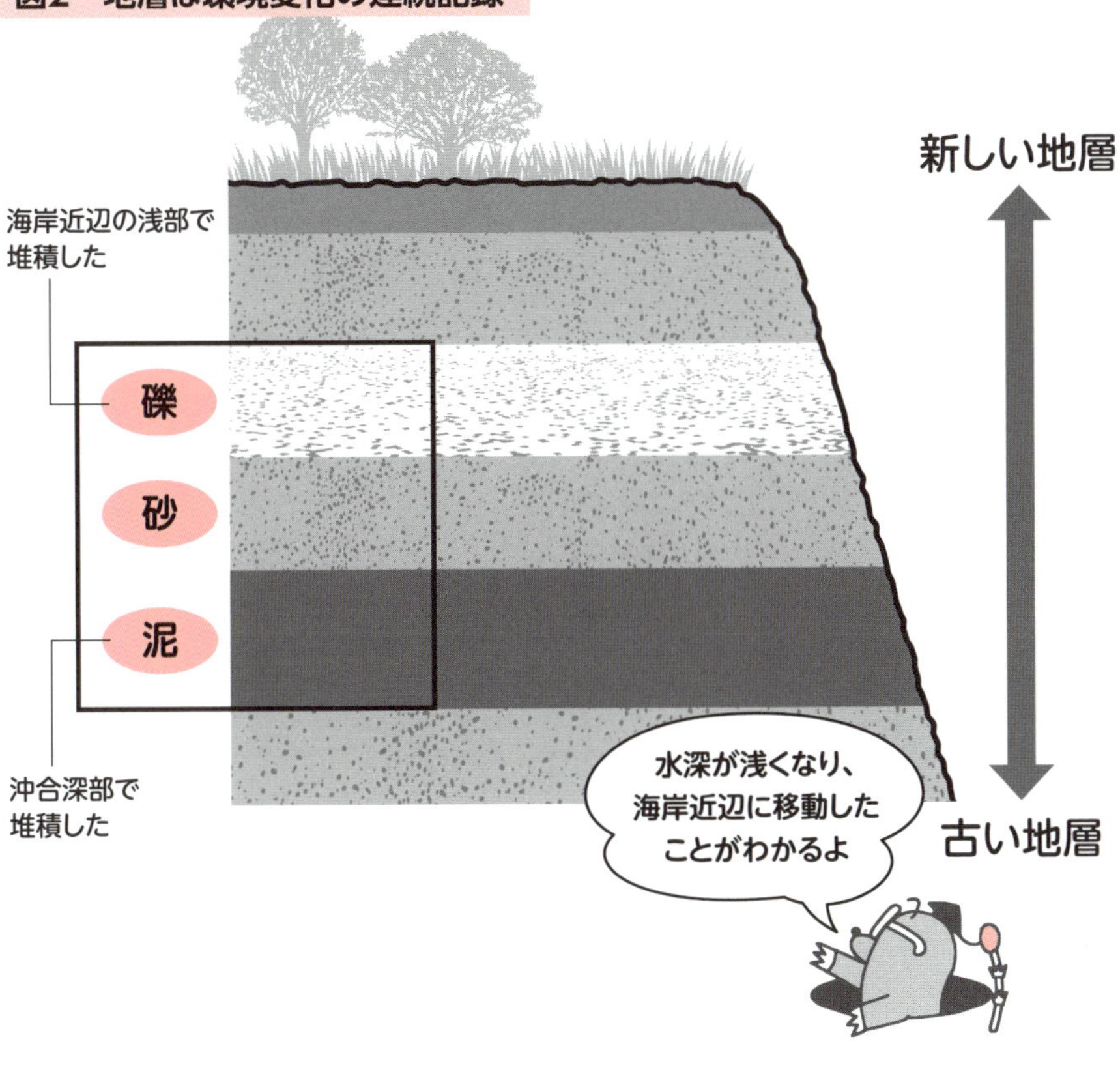

04

PART4 地質学

化石によって何がわかるのか？

地層記録は地球史の最良の記録媒体だ

化石は、過去に生きていた生物の痕跡すべてを指します（図1）。なので、過去の生物体の全体はもとより、骨や歯のような部分であること、さらに足跡や巣穴のような間接的なものも含まれます。さらに近年では、生物としての形はすでになくしていても、化学物質（有機分子や元素同位体比など）として残された記録も化学化石と呼ばれています。過去に生息した生物の体は、基本的に死後分解されて消えてしまうのが普通なので、地層の中に残された化石の記録はとても貴重です（**図2**）。

化石に基づいて過去の地球表層環境を復元する試みが盛んになされてきましたが、いずれも小さな穴から壁の向こう側をのぞきみるに近く、それも古い時代にさかのぼればさかのぼるほど、困難になります。それでもこれまで200年以上かけて世界中の崖が調べられ、化石のカタログと産出した地層のデータが集積しました。

基本的に、化石は堆積岩（地層）からしか産出しません。前項で説明したとおり**地層記録は地球史の最良の記録媒体なので、堆積した順番が化石生物の生息期間の順番となります。**

このような努力の結果、**各々の地質時代に対応した代表的化石のリストができあがり、いまでは特定の化石がみつかると、それだけで地質年代が判明する**ようになりました。最近ではさらに**放射性年代測定の目盛りも加わったので、化石がみつかるだけで、いまから何億何千年前だったこともすぐにわかる**ようになりました。

また、**現世生物の生態と比べることによって、ある種の化石は、その地層がどのような環境で堆積したのかを示すことができます。**例えば、サンゴは基本的に温暖な浅海に生息する生物なので、過去のサンゴ化石も同様な環境があったことを示しているし、二枚貝化石でも海棲だったのか、淡水棲だったのかを区別できる場合さえあるのです。

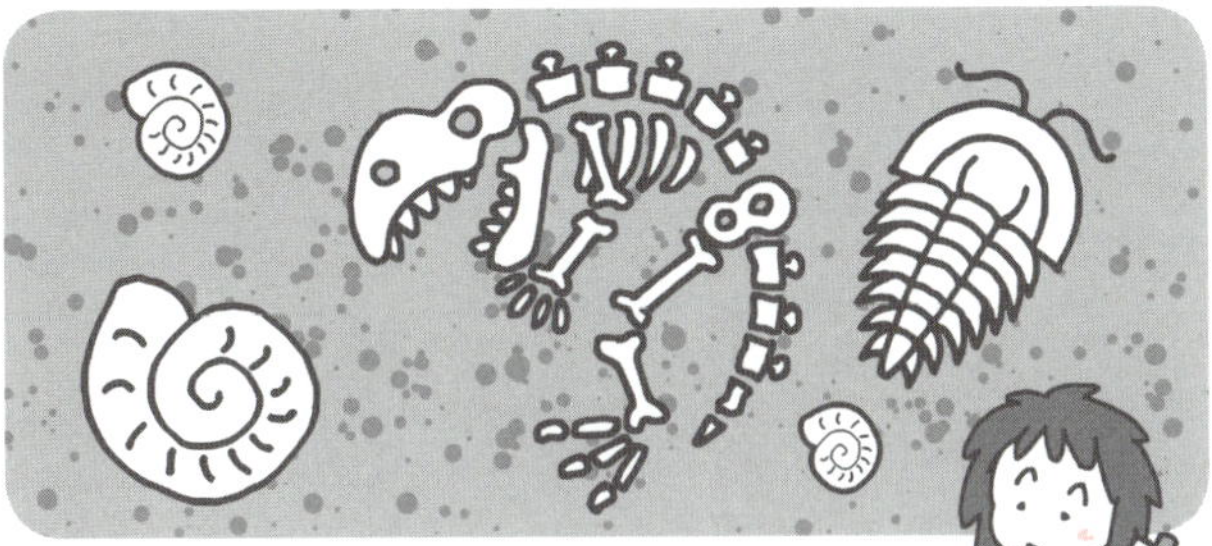

図2　エチオピアのルーシー（複製）

1974年、エチオピア北東部ハダール村で発見された318万年前のアウストラロピテクスの化石人骨が、ルーシーと名付けられた。

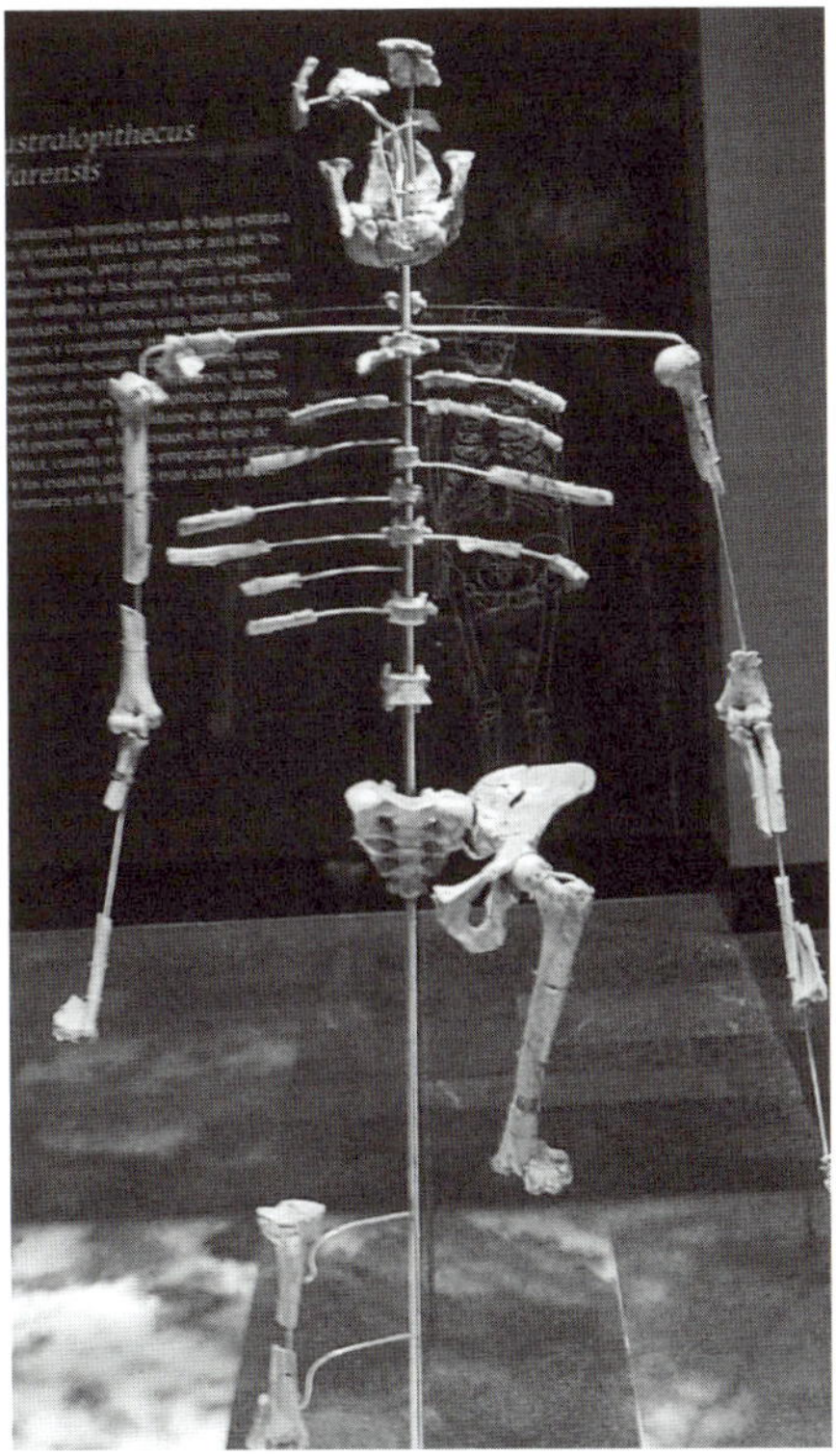

図1　化石は生物痕跡の宝庫

化石の一形態・珪化木（材化石）。膨大な年月の中で地層からの圧力により、木の細胞組織の中にケイ酸を含む地下水が入り込むことで木の原型を保ったまま二酸化ケイ素（シリカ）物質に変化して化石化する。

05 PART4 地質学

日本はいまなお「黄金の国ジパング」か？

鉱石1tに1g含まれていれば採算が合う金

かつて、日本は黄金の国ジパングと呼ばれていました。大量の金が採れたのです。

では、金はどのようにして採掘されていたのでしょうか？

金は他の元素と化学反応を起こして酸化物になったり、硫化物になったり、他の化合物になったりしません。白金や銀と合金をつくることはあっても、基本的には単独で（単体として）出現します。**岩石中に金はきわめて微量にしか含まれていません**が、きわめて安定した重い元素なのです。

岩石が風化作用を受けると、ごく微量の金が流水に運搬され、重いために沈降して、川砂の中に**砂金**として含まれるようになります。砂金は集合して固まり、まれに大型のナゲット（金塊）になっている場合もあります。

そのむかし、金は、主にこうした砂金として採掘されていました。1848年にアメリカ合衆国カリフォルニアで金が発見され、翌年にゴールドラッシュが起きたときも、人々は競って砂金を採取したのです。ちなみに、このときに先を争って金採取に狂奔した人々を「フォーティナイナーズ」といいます。それはともかく、日本で最初に東北地方で金が採れたときも、それは砂金でした。

戦国時代以降になると、坑内掘りといって岩石に坑道を掘って採掘するようになりました。有名なのは江戸時代の佐渡金山です。坑内掘りでは、**金は主に石英脈に含まれ**ています。鉱脈の割れ目を250℃から100℃という比較的低温の熱水で満たすと、そこから主に石英が結晶化して石英脈ができます。この石英脈にしばしば金が含まれているので、石英脈を採掘し、そこから金を分離したわけです。

最近では石英鉱石に1ppm、すなわち1tに1gの金が含まれていれば、金鉱石として採算が合うといわれています。含有量が微量でも、金は採算が合うのです。銅や鉛や亜鉛などの鉱山は採算が合わず、すべて閉山に追い込まれた中で、日本では一部の金鉱山だけが現在も操業しています。

最も有名な金山は、鹿児島県にある住友金属鉱業の菱刈鉱山です。1983年から操業の始まった若い鉱山ですが、ここでは、わずか10年足らずの間に、**佐渡金山が江戸時代に産出した金の量を超える**ような、大量の金が採れています。菱刈鉱山の金鉱石は世界最高水準で、1tあたり40gという高品位を誇り、現在でも年間6tもの金を産出しているのです。

日本には菱刈鉱山以外にも、まだ多くの金鉱床が地下に眠っていると推定されています。意外にも、日本は現在もなお「黄金の国ジパング」だった、というわけです。

鹿児島県北部に位置する伊佐市。伊佐米で知られる米どころだが、世界有数の高品位を誇る金鉱・住友金属工業の菱刈鉱山がある。表層は第四紀の火砕流堆積物でおおわれているが、金鉱床はその下の新生代火山岩層中の石英脈に胚胎する。

06 不思議な大地の風景はなぜできるのか?

自然の風化作用による岩石を材料とした芸術

丸味をおびた塔のような岩や巨大な壁のような一枚の岩、巨大な卵のような丸味をおびた岩。こうした岩がつくる不思議な風景をよく目にします。

このように不思議な大地の風景は、どのようにしてできるのでしょうか?

岩石に割れ目などの不連続面がたくさん入っていると、風化作用を受けたときに、岩石はボロボロと細かく崩れていくために巨大な塔や壁のような岩はつくられません。ところが、**岩石が均質で塊状のときには、風化作用を受けても細かく崩れず、巨大な塔や壁のような地形がつくられます。花崗岩《かこうがん》や凝灰岩《ぎょうかいがん》や砂岩は均質で塊状の岩石となりやすい**ので、こうした風景の材料となるわけです。

花崗岩や砂岩にも割れ目が入ることがあります。ズレのない割れ目で、**節理《せつり》**といいます。節理にそって風化作用が進むと、節理に挟まれた中心部だけが丸味をおびて取り残されます。こうした風化を**玉ねぎ状風化**と呼びます。この状態で、風化の進んだ砂状の部分が侵食により取り去られると、巨大な卵のような巨石が残されるのです。アメリカ合衆国カリフォルニア州のヨセミテ渓谷には、花崗岩の一枚岩の巨大な壁や塔がそびえていますが、こうした景観は氷河の浸食でできたものです。

砂岩や泥岩のようなやわらかい堆積岩の割れ目をマグマが埋めて冷えて固まると、**板状**

割れ目(節理)の入った花崗岩。節理にそった風化により、ボールのような球状岩塊ができている。

の岩脈ができます。岩脈はかたく風化に強いので、周辺のやわらかい堆積岩が侵食によって取り去られると、取り残されて壁のようになります。

砂岩や泥岩のような堆積岩には、堆積した面が層理面として残されます。堆積岩が侵食されると、こうした層理面が縞模様として現れるわけです。

傾いた層理面が立体的に侵食を受けると、複雑な縞模様となります。アメリカ合衆国西部のグランドキャニオンは、水平に堆積した堆積岩層を、河谷が深く侵食して出現した崖が、見事な縞模様を描いています（**図1**）。

このように、不思議な大地の風景の大部分は、風化作用と呼ばれる岩石圏と水圏、大気圏のからみあいの中から、岩石を材料として生み出された、まさに自然の営みによる芸術作品なのです。

節理が風雨などで風化されてできる玉ねぎ状風化

図1　アメリカ・アリゾナ州のグランドキャニオンの絶景

グランドキャニオンのマザーポイントから

07

PART4 地質学

パンゲア大陸（超大陸）と大陸分離の不思議？

大陸誕生と分離はプレートテクトニクスの力

花崗岩質の**大陸地殻は主にプレート沈み込みでのみ形成されます。プレートテクトニクスは、太古代（おそらく冥王代）から働いており、大陸地殻形成は初期地球まで遡る**と考えられています。

とはいえ、初期地球では地球内部に蓄えられた大きな熱量のため、マントル内の対流が激しく、地表では多数の中央海嶺と沈み込み帯が存在していただろうと想定されます。

現在の伊豆・小笠原列島のような、小規模な大陸地殻が多数形成され、その多くは消えてしまいましたが、いくつかは衝突・合体を繰り返し、徐々に大きな陸塊へと成長していったのでしょう。やがて太古代の終わりころ（27億年前）になると対流速度が低下し、単一のプレートのサイズも大きくなり始めたようです。

ある程度のサイズの陸塊同士が衝突・合体して最初の超大陸ヌーナができたのは、ほぼ19億年前でした。その後は超大陸の形成と分裂が繰り返され、**約13億年前にロディニア**が、また**約5億年前に準超大陸であるゴンドワナが形成**されました。

そして3億年前になると、ゴンドワナに参加していなかった北米、北欧、次にシベリアなどの地塊が北半球で合体し、それが**最後に南半球のゴンドワナと一体化してパンゲアができました（図1）。パンゲア（図2）とは「すべて大地（pan-gaia）」という意味で、大陸移動説で有名なウエゲナーによって名付けられました。**

大陸の移動の原動力は、もちろんプレートテクトニクスです。中央海嶺でつくられた海洋底はつねに移動し続け、地球の表面が無限でないため必ずいつかどこかで沈み込むことになります。一つの海域が消えることは大陸と大陸の衝突にほかなりません。このような**大陸の衝突合体がいっせいに起きた場合に超大陸が形成**されます。

では、なぜ形成された超大陸が分裂するのでしょうか?

実はこれもプレート沈み込みと関連しています。超大陸をつくるために多数の海がつぶれ、そのため**超大陸の下には沈み込んだ海洋プレートの墓場ができます。**つまり、**沈み込んだ海洋プレートはマントルの中ほどでいったんとどまりますが、その後に大きな塊となって一気にマントルの底へ落下します。すると、入れ替わりに熱い岩石でできた上昇流(プルーム)が生じ、それが表層まで届くと、表層の大陸地殻を割り始める**のです。

図1　超大陸の歴史

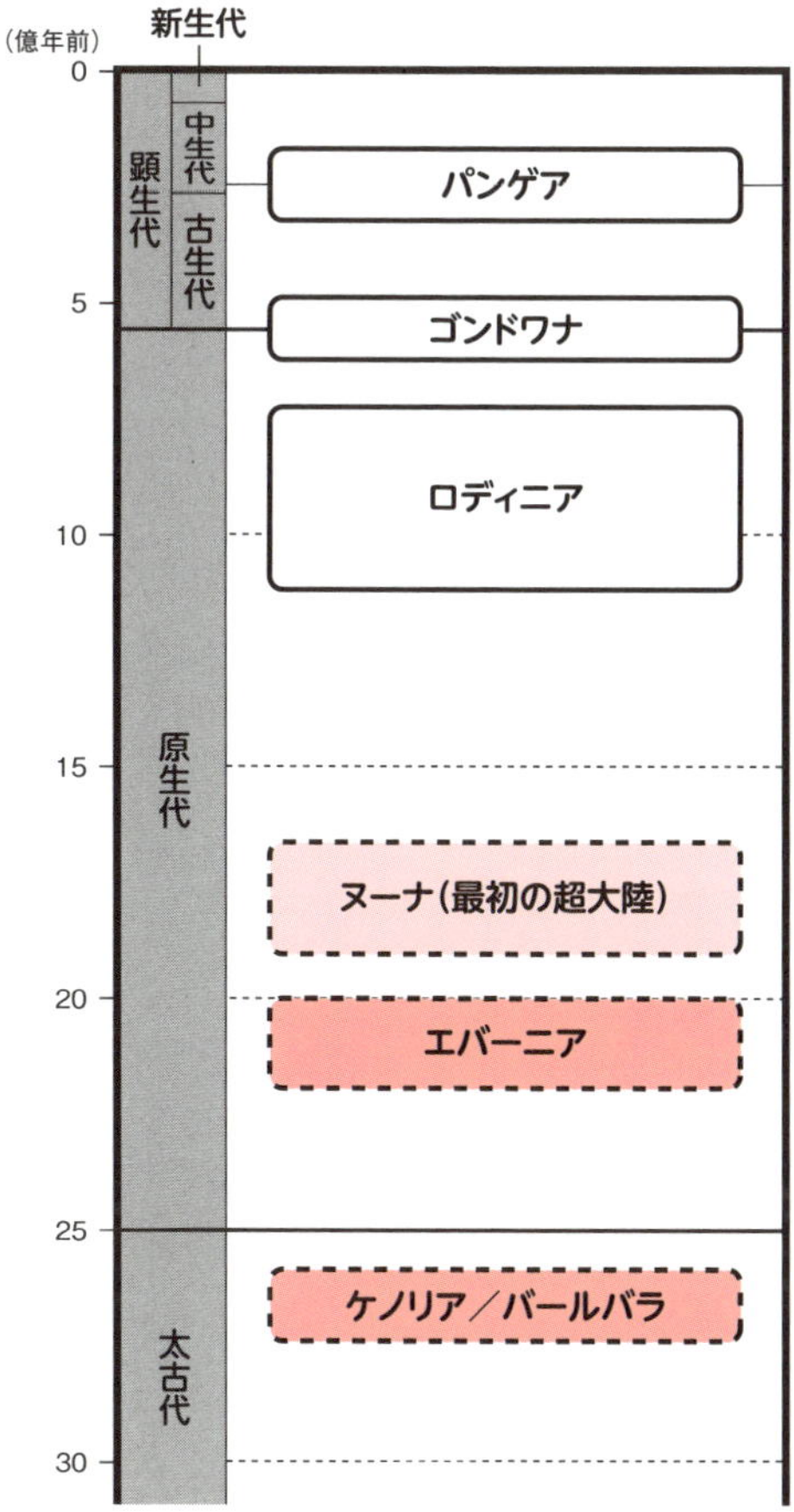

図2　復元されたパンゲアの古地理図

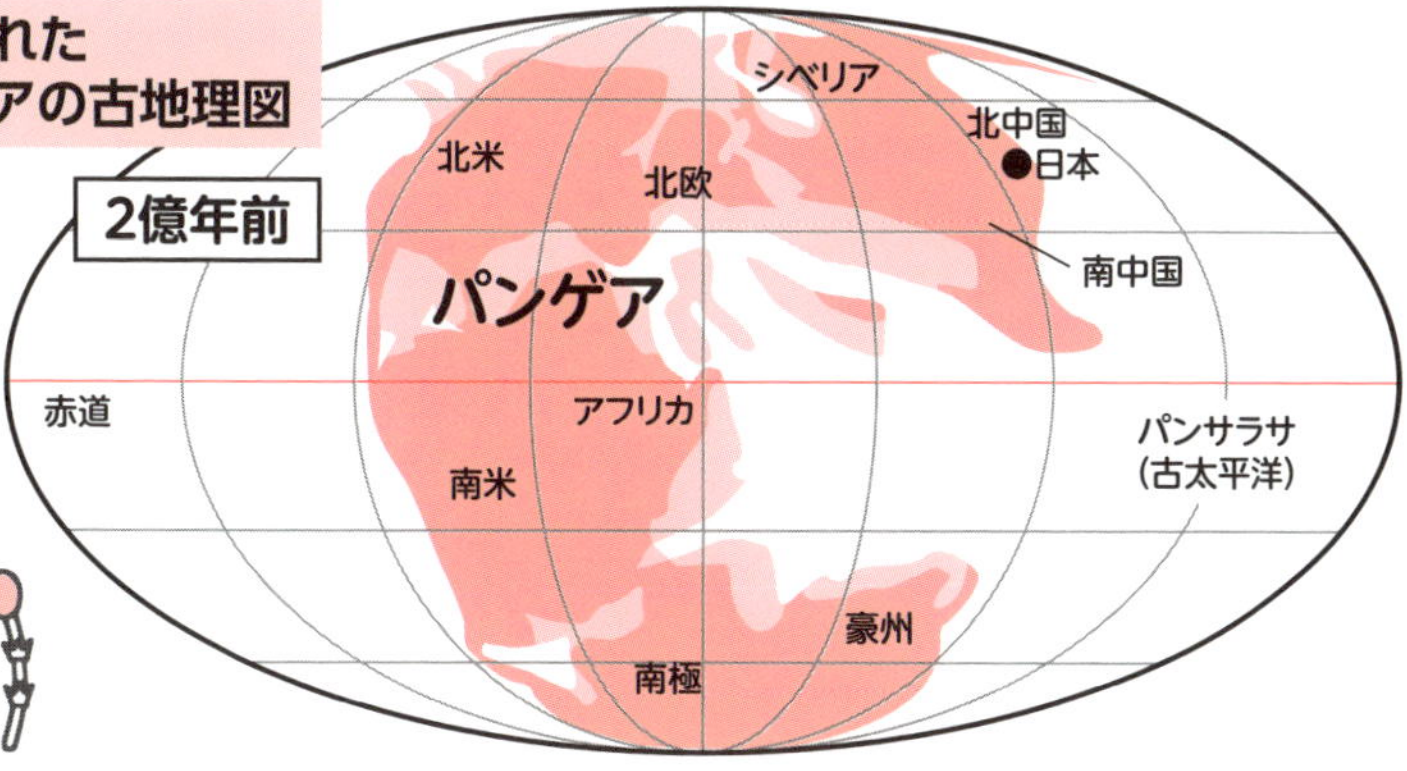

08

地質学

スノーボール・アースはあったのか？

全地球凍結をスノーボール・アースと名付けた

地球史の中では、表層環境は何度も大きく変化したことがわかっています。現在に近い過去であっても、**氷河期と間氷期が規則的に繰り返した**ことが、南極の氷の研究から確認されています。

ニューヨーク市の中央公園に転がっている巨大な岩石の塊も、氷河期に大きく広がった大陸氷床によって運ばれ、温暖化したときに置き去りにされた迷子石です。

寒冷化に応じて生物は大きく影響され、生存危機に陥ったものや、人類のように海水準が低くなったことを利用して、南極を除く世界中の大陸に分布を広げた生物もいました。そのときでも、両極から張り出した氷の最前線は、北緯／南緯30度程度で、赤道域はまだ暖かい環境が残っていたのです。

ところが、人類の祖先が知る氷河期よりもずっと古い**先カンブリア時代にとんでもない規模の大寒冷が、それも2回起きた**ことが20世紀の終わりに発見されました。赤道域を示す古地磁気と氷河性地層の研究から、約23億年前と7億年前に、当時の高緯度地域はもちろん、なんと赤道域までもがほぼすべて氷でおおわれたことがわかりました。

その当時の様子を宇宙から眺めてみたら、と想像すると、氷まみれの地球はきっと暗い宇宙に浮かぶ雪玉のようにみえたでしょう。

なので、このような**全地球凍結状態をスノーボール・アースと呼ぶ**ようになりました（**図1**）。

スノーボール・アースのような状態では海の表面が全部が氷でおおわれるので、陸から運ばれてくるはずの土砂が海底にはまったく堆積できなかったはずです。

ところが、地球では約39億年前から現在まで、ほぼ連続的に海の中で堆積した地層記録が残っています。つまり、**地球表面には常に液体の水（海洋）が存在し、海底で地層が堆積し続けた**のです。**地球史の中でたった2回だけ例外的なスノーボール事件が起きた**ことになります。

面白いことに、この2回の事件のころに、**大気酸素濃度が2段階で急増**しました。また各々の事件直後には**新たな生物が登場**しました。

23億年前の事件直後には真核生物が、また7億年前事件直後にはエディアカラ生物群のようなメートルサイズの大型生物が、それぞれ現れたのです（**図2**）。**環境激変と生物進化の関係が読み取れます**。

しかし、そもそもなぜスノーボール事件がはじまったのか、また短期間に凍結解除されたのかは、よくわかっていません。一般には、大気中の二酸化炭素による温室効果が低下すると気候が寒冷化すると説明されますが、スノーボール事件が起きた先カンブリア時代では、大気の二酸化炭素が現在の数百倍あったとされるので、それでは説明できません。

現時点で可能の説明として、超新星爆発に起源を持つ銀河宇宙線の大量流入によって、地球大気に大量の雲が形成され、**日光を長期間遮断したために地球表層が寒冷化**した、というシナリオが一つ。大規模な暗黒星雲が通過し、太陽系をスッポリ取り込むと、**星雲の塵が太陽光を遮断して、寒冷化が起きた**、というもう一つのシナリオ（**図3**）が提案されています。

はたして、スノーボール事件の真相はどこにあるのでしょうか？

図3　星雲の冬仮説

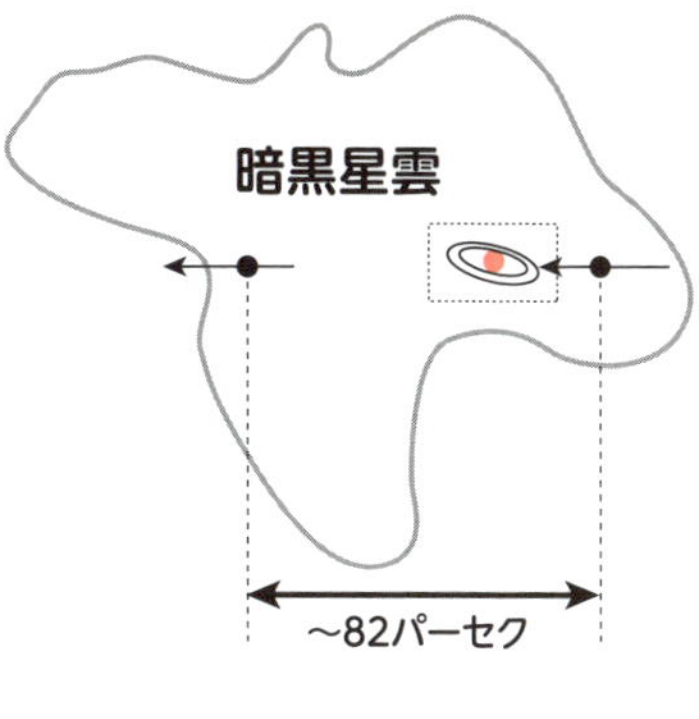

図1　スノーボール事件の開始から終わりまで

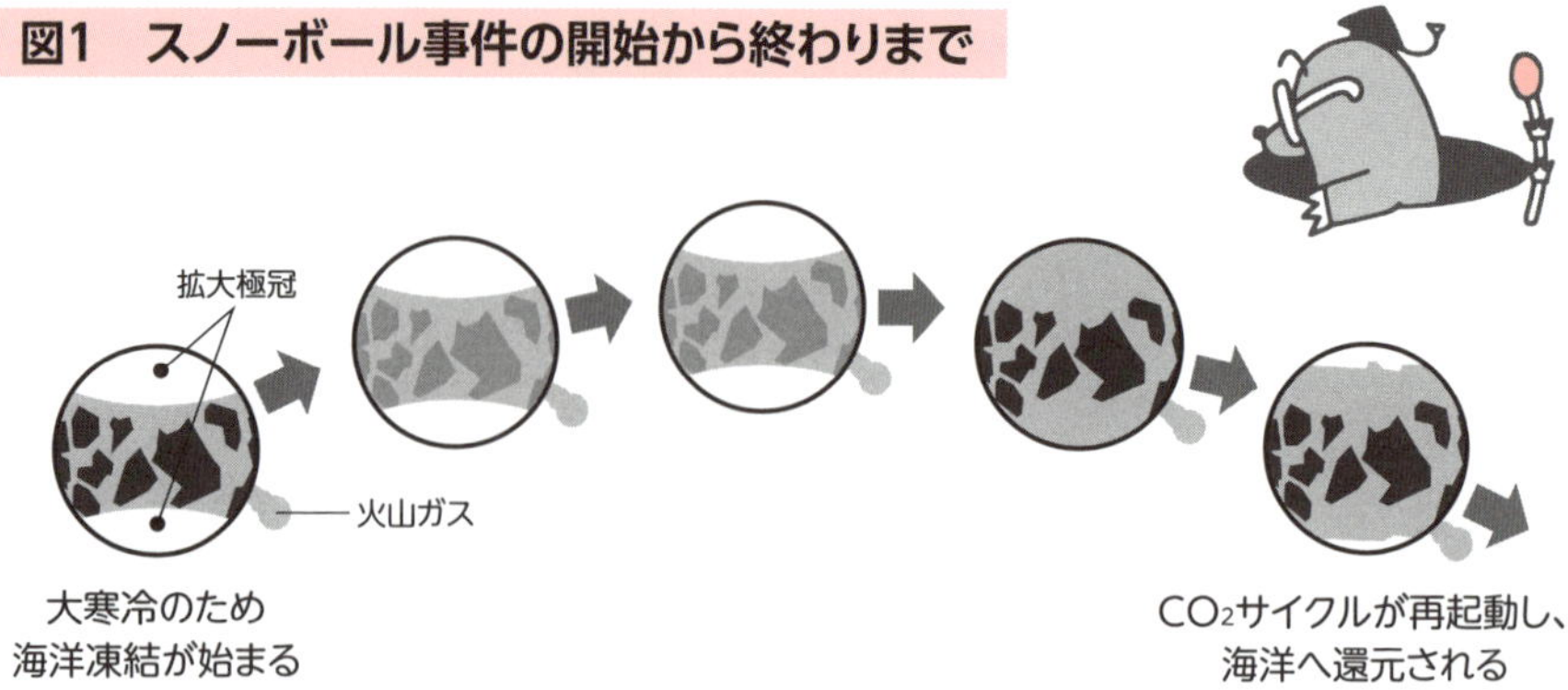

図2　生物体サイズの変化

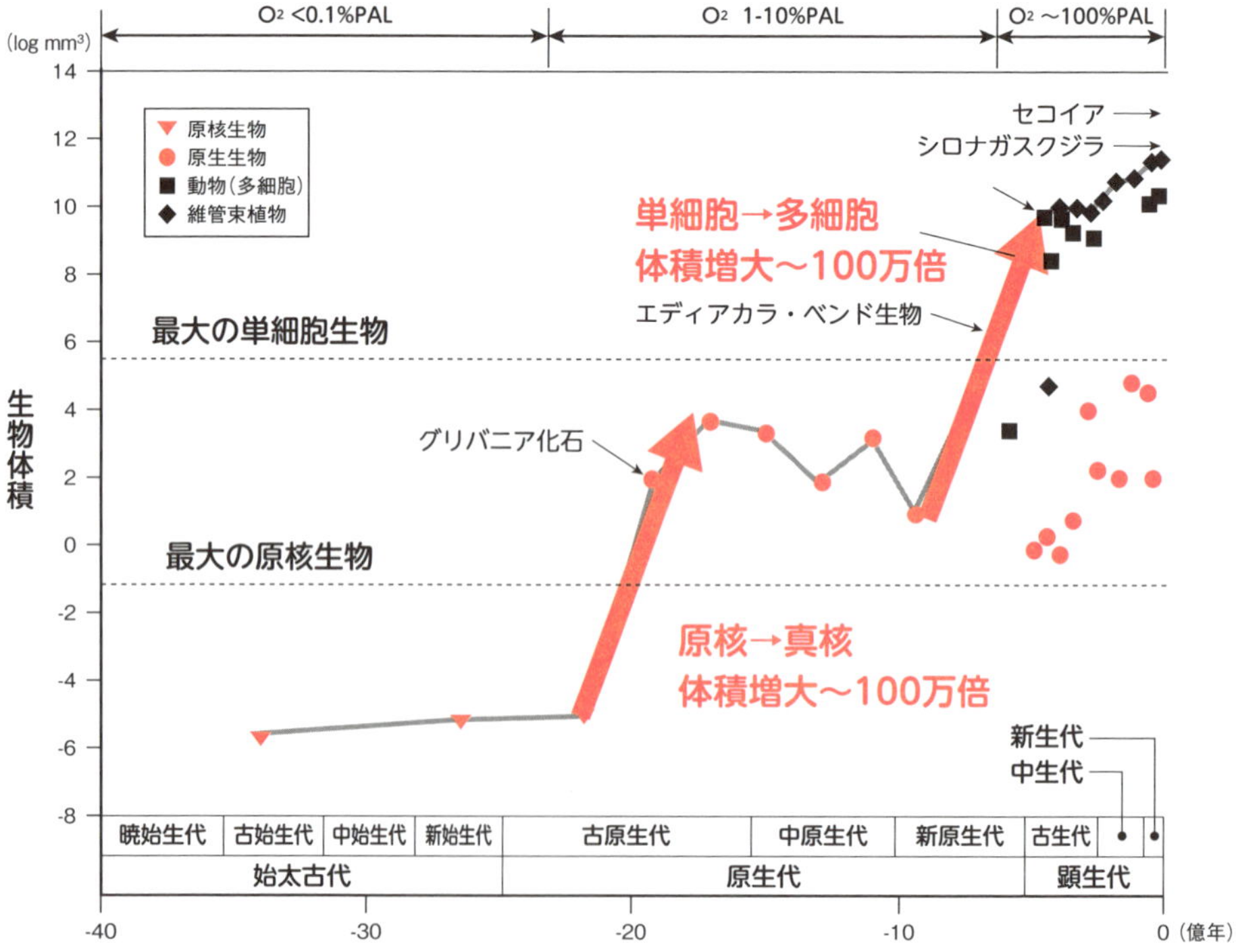

09 史上最大の生物の大量絶滅の原因は？

PART4 地質学

生物の大量絶滅のあとに哺乳類が誕生した

46億年に及ぶ地球史の中で、多様な動物が一気に現れたのは、いまから約5億4000万年前でした。その**多くが約2億5000万年前の古生代最後のペルム紀に絶滅**しました。世界中の化石資料は、当時の海に住んでいた無脊椎動物の約8割が、また陸上の動物や昆虫なども7割以上が絶滅したことを記録しています。

絶滅生物の中で代表的なものは、古生代化石の王者といわれる三葉虫の他に、古生代型サンゴ、腕足類や単細胞のフズリナなどが含まれます。この絶滅の規模は、動物史5億年の中で最大で、史上最悪の大量絶滅（**図1**）とされています。しかし、その後、中生代最初のトリアス（三畳）紀には、**生き残った動物の中から最初の哺乳類が出現したことから、大量絶滅には生物進化を加速したという側面がある**ことが重要となるのです。

ところで、**ペルム紀末事件は2段階絶滅**でした。1回目はペルム紀中期と後期の境界（2億6000万年前）で、また2回目はペルム紀の末で起きました。その原因として、さまざまな可能性が提案されましたが、まだ定説はありません。

巨大隕石衝突を示す証拠は見つからないので、**近年広く信じられているのは、欧米の研究者たちが主張する巨大火山噴火説**です。

大規模で、かつタイミングが絶滅時期にほぼ一致するようにみえることから、1回目は中国南部の峨嵋山《がびざん》玄武岩の、2回目はシベリア玄武岩の噴火とされています。

といっても、噴火場所周辺の生物だけでなく、世界中の生物を絶滅させる機構は必ずしも明瞭ではありません。噴火説を主張する研究者たちは、火山から放出される二酸化炭素ガスが大気に濃集し、スーパー温室効果が起きた結果、生物は地球温暖化で絶滅したと主張しています。21世紀の環境問題との共通性が強調されたりしますが、実際には当時の海水準変動の記録は世界的な海退（**図2**）、すなわちグローバルな寒冷化を示しており、事実をうまく説明できません。

これに対して、**日本の研究者が主張しているのは絶滅原因は地球外にあり、グローバル寒冷化が世界中の多様な生物を絶滅に導いたという説明**です。それは恐竜絶滅を導いたとされる巨大隕石衝突ではなく、超新星爆発や活動的銀河中心に起源を持つ銀河宇宙放射線の増加、あるいは暗黒星雲との衝突によるグローバル寒冷化というシナリオです。

前者は、プラズマ化した銀河宇宙線の高エネルギー粒子（電子、陽子、ヘリウムの原子核など）が地球大気分子を帯電させ、雲粒子の形成核となることで地球をおおう雲量が増加して、地球寒冷化が起きる可能性を想定しています。地球や太陽の磁場は、宇宙線の流入をブロックする磁気シールドの役目を果たしていますが、地球内部の金属核（特に流体鉄からなる外核）の対流パタンが変化すると磁場強度が低下し、大量の銀河宇宙線が地球大気に流入します。

一方、後者は、太陽系が暗黒星雲（太陽系をスッポリ包み込むサイズを持つ）と遭遇すると、暗黒星雲をつくる無数の微粒子によって太陽光が遮断され、寒冷化が起きる可能性を考えています。

最近、日本産で、古生代末絶滅直前の時期に堆積した地層から異常に高い（地球物質とは考えられない）ヘリウム同位体比が検出されました。これは巨大隕石衝突ではなく、大量の微粒子（宇宙塵）落下の証拠と考えられ、後者のシナリオを支持しています。

ペルム紀の地層調査

アラビア半島東端のオマーンでP-T（ペルム紀～三畳紀）境界層を調査。

出典：東京大学大学院総合文化研究科広域科学専攻広域システム科学系「磯崎研究室」

図1 顕生代（古生代〜新生代）の海洋生物の多様性（属レベル）

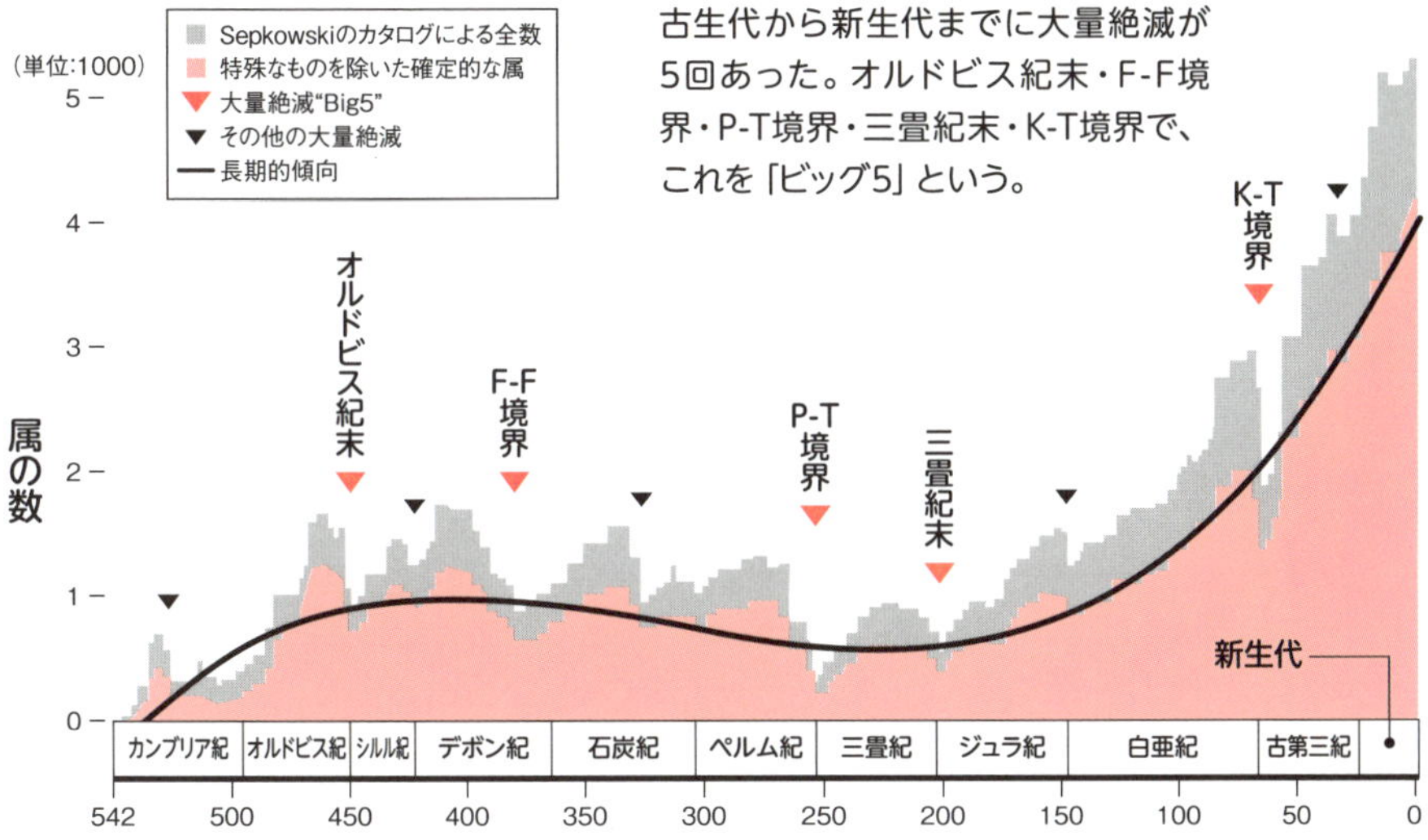

出典：Wikipedia「顕生代の海洋生物の多様性（Biodiversity during the Phanerozoic）」から作成

図2 5億年間の海水準の推移

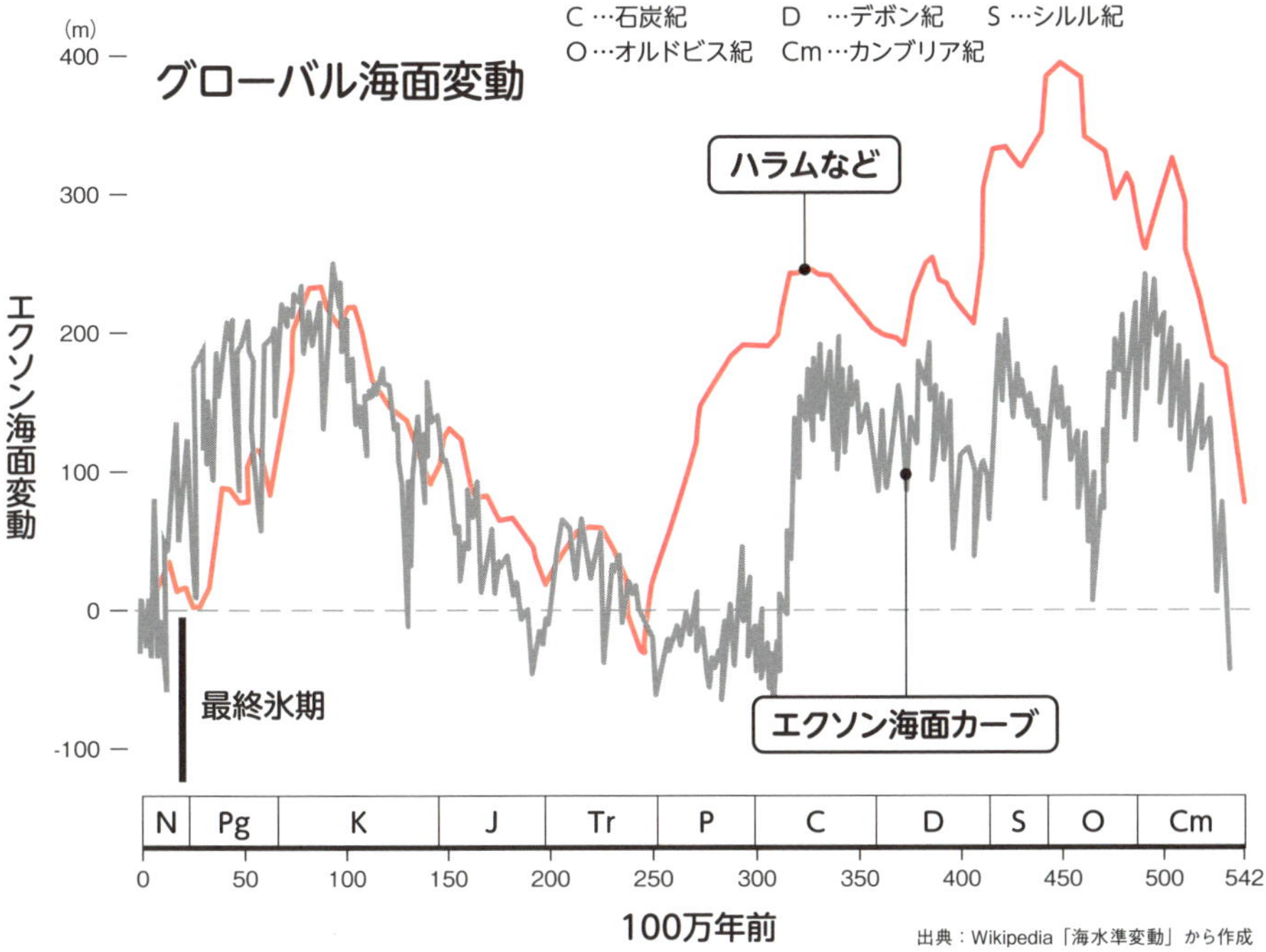

出典：Wikipedia「海水準変動」から作成

10 白亜紀末の恐竜絶滅の真相は？

隕石衝突より暗黒星雲との遭遇が最大の原因か

いまから**約6600万年前に中生代に栄えた恐竜が絶滅**しました。同時に海ではアンモナイトや有孔虫という石灰質殻を持つ単細胞生物（沖縄の土産で有名な星の砂もその仲間）が絶滅しました。ペルム紀末の大量絶滅に比べて、かなり規模は小さかった絶滅ですが、恐竜たちがいなくなったことが、その後の時代である新生代に哺乳類が大きく躍進するきっかけとなりました。

　この**絶滅の原因としてよく知られている説が、直径10㎞程度の隕石の落下**です。最初の証拠は、地球表層にはほとんど存在しないイリジウム（白金族元素の一つ）の濃集が、絶滅時期に堆積した地層中に発見されたことでした。その後、実際にメキシコ・ユカタン半島の北西端に、その時代にピッタリのタイミングでできた直径200㎞の巨大な衝突クレーターが埋もれていたことがわかりました（**図1**）。

　直径10㎞というと、東京の山手線沿線がスッポリ入る面積を占め、富士山（3776m）3つ分に近い高さです。そんな隕石が超高速で地表に衝突したわけです。命中地点（グランドゼロ）では生物は全滅したに違いありませんが、地球の他の部分にはどのように被害が広まったのでしょうか？

　陸上で堆積した同時期の地層には、大量の煤《すす》が含まれていました。これは、**衝突のときの高温熱波により広域の大規模森林火災が起きた証拠**とみなされています。しかも、ユカタン半島を取り巻くカリブ海沿岸の同時代層には巨大な津波堆積物

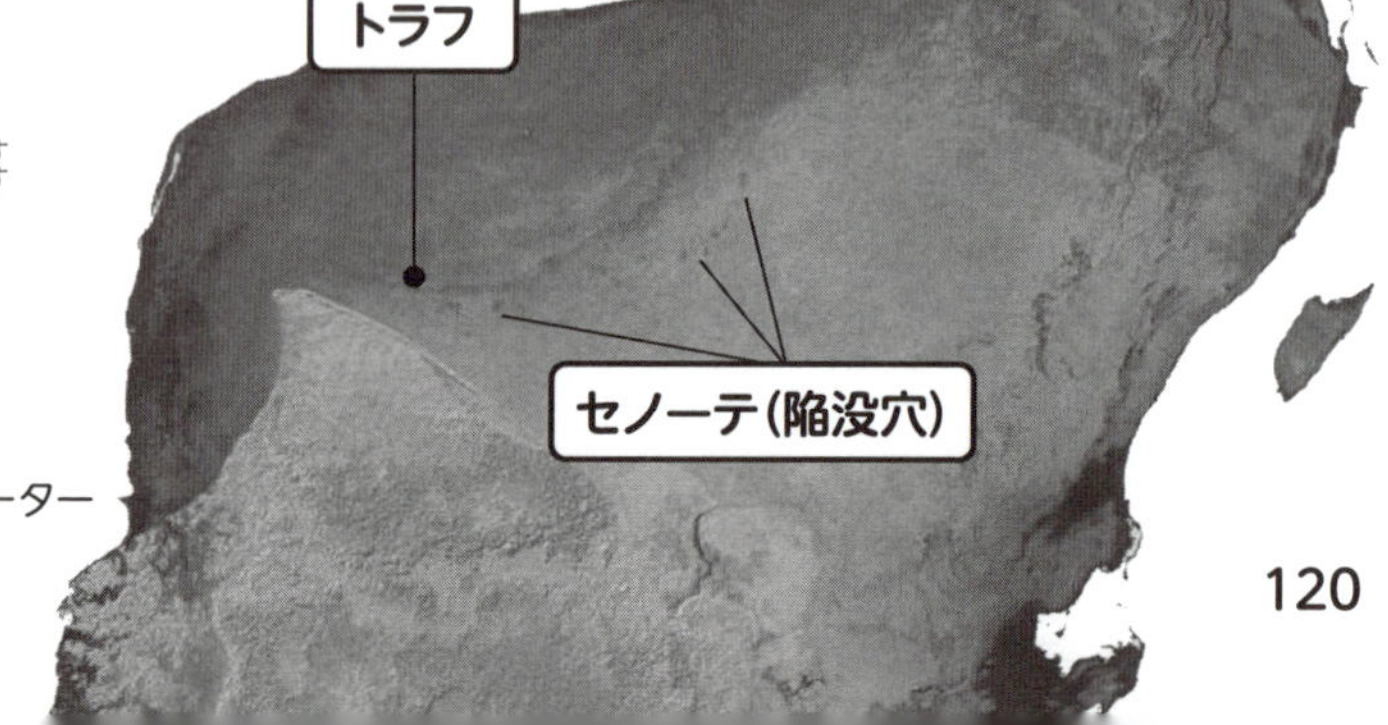

巨大隕石で陥没した
ユカタン半島の
チクシュルーブ・クレーター

が含まれていたため、おそらく**地球上を何周もするくらいの巨大津波が世界中を襲ったと推定**されました。

また、落下地点周辺には、衝突時以前の浅い海で堆積した地層に石膏など硫黄を多く含む鉱物が大量に含まれていたため、**衝突時の高温によってそれらが蒸発し、大気中の水蒸気と化合して、硫酸の雨（酸性雨）を降らせた可能性がある**と考えられたのです。

このように、巨大隕石衝突が引き金となって、海陸を問わず大規模な環境変化が起きて、恐竜など生物の大量絶滅が起きたと説明されています。

ところが、最近の再検討で、白亜紀最末期の隕石落下よりも前のタイミングですでにイリジウムの流入が始まっていたことが確認され、**隕石落下だけが絶滅の主要因ではない可能性が指摘**されたのです。どうやら、2億5000万年前の**ペルム紀末の絶滅と同様に暗黒星雲との遭遇が想定され、巨大隕石の落下はその最後の一コマに過ぎなかった**のかもしれません。

図1　メキシコ・ユカタン半島の巨大クレーターと津波堆積物

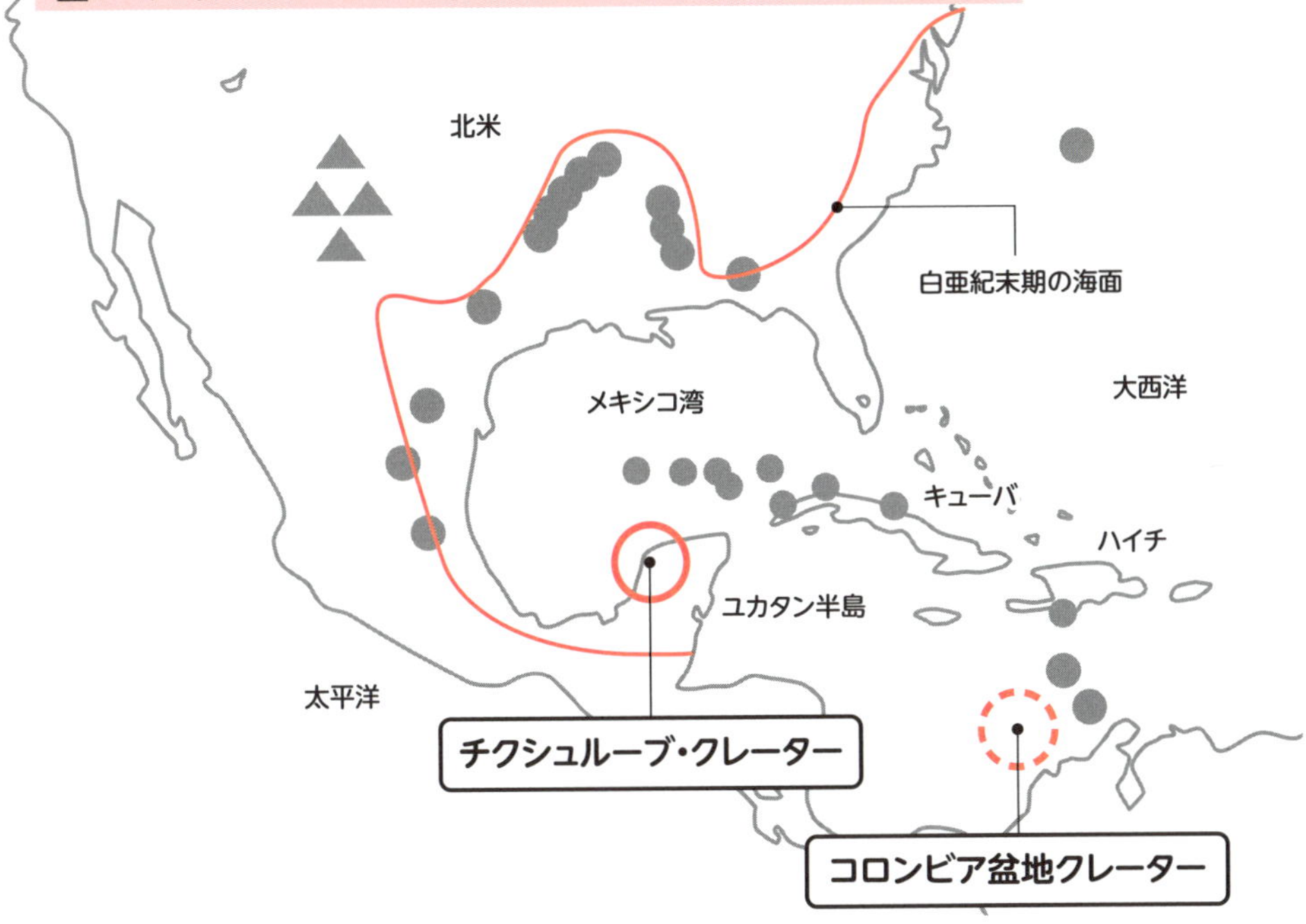

PART4 地質学

11 酸素発生型光合成の起源は？

大気酸素濃度が急増し、地球独特な大気組成ができる

単純な無機物から複雑な有機物をつくり出せるのは、生物の重要な特徴です。その最も原始的なプロセスの一つにメタン発酵があり、少なくとも**39億年前にはなんらかの生物によって有機物がつくられていました。**その後に出現した光合成は、メタン発酵よりも複雑な生化学反応経路からできており、遥かに効率的な有機物合成を可能にしました。といっても、**地球史の中で光合成がはじまった正確な年代は、未だ定かではありません。**

光合成は太陽光を利用して、水を電気分解し、分離した電子を利用して二酸化炭素から有機物を作るプロセスです。ですが、もともとは酸素を発生する反応ではありませんでした。

専門的には光化学系IとIIと呼ばれる原核生物（バクテリア）の中で独立に進化した化学プロセスが、二次的に合体して、より効率の良い酸素発生型光合成ができあがりました。ただし、**光合成をするバクテリアは決して酸素をつくる目的を持っていたわけではありません。**光合成の産業廃棄物として酸素が排出されたのです。その**能力を最初に身につけたのが原核生物のシアノバクテリア（藍色細菌）**でした。最古の証拠は約27億年前の地層に残されています。

現世のシアノバクテリアは、キノコのようなドーム状のコロニーをつくることが知られており、**ストロマトライト**と呼ばれています（**図1**）。ほぼ、それと相似形のものが化石として世界各地の27億年前の地層に残されているので、そのころの地球表層では、光合成が盛んに行われていたことがわかります。

しかし、光合成の増加だけでは大気の酸素濃度は増えません。有機物でできている生物体は還元

物質なので、生物が死ぬとその身体は腐敗します。腐敗とは、ユックリした燃焼と同じで、大気や海水中の酸素と反応して酸化することにほかなりません。したがって、すべての死体が完全に酸化されれば元の木阿弥で、**光合成でできた大気酸素が消費されて元通りの二酸化炭素に戻る**だけです。

ところが、生物の死骸はしばしば地層の中に保存され、大気や海水中の酸素による酸化から免れます。**地層中に保存される有機物が多いほど大気中に酸素が余る**ようになり、大気酸素濃度が増加することになります。**過去の地球をとりまいていた濃密な大気二酸化炭素（現在の100万倍以上）は大量に消費されて、現在のようなたった300－400ppmという状態にまで激減**しました。その代わりに**大気酸素濃度は急増**（図2）し、地球だけが持つ特異な大気組成ができました。

我々が利用している化石有機炭素（石炭、石油、天然ガス）は、現在のような高い大気酸素濃度の鏡像といえるのです。

図1　ストロマトライト

シアノバクテリアはストロマトライトと呼ばれるキノコ様ドーム状のコロニーをつくる。

図2　大気酸素濃度の急増

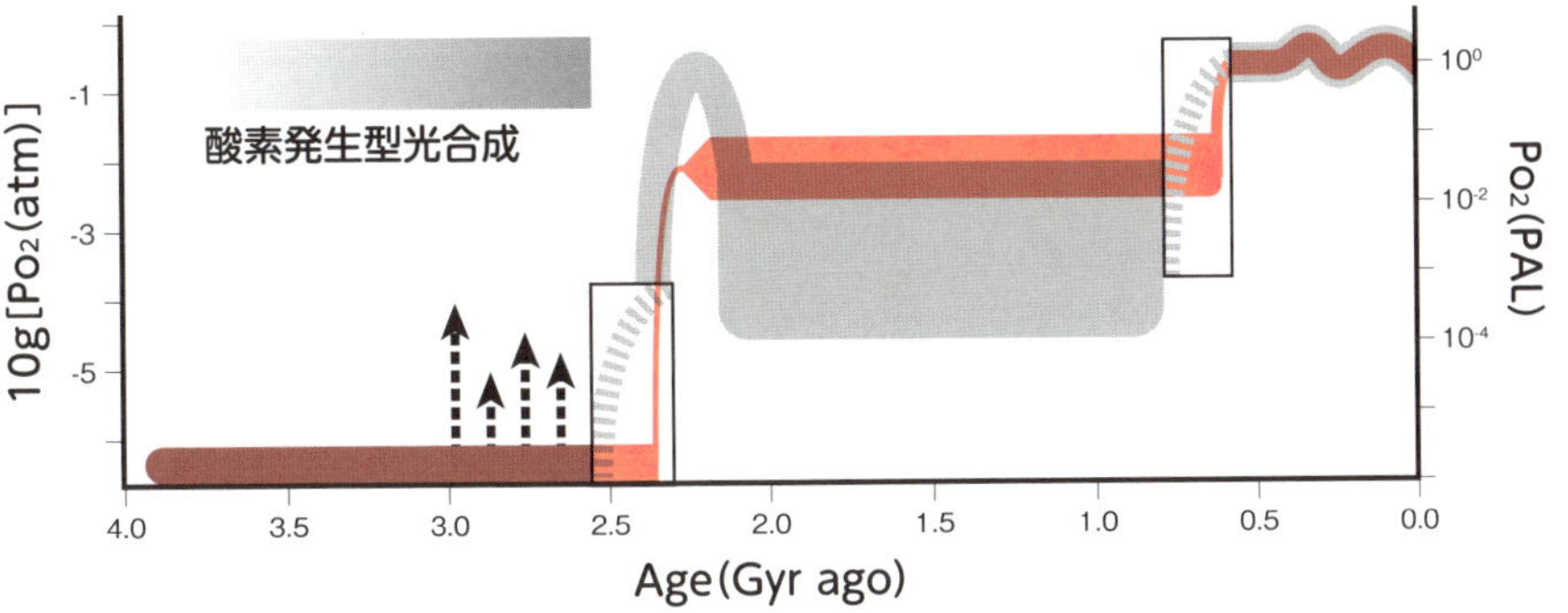

PART4 地質学

12 なぜ地球にはいろいろな岩石があるのか？

地球は各種の岩石をつくる操業中の生成工場だ

石ころ（岩石）は大地を構成する物質であり、私たちの身近にいくらでも転がっています。そうであっても、河原の石などをよく観察すると、岩石にはいろいろなものがあることがわかります。

どうして地球には、このようにいろいろな岩石があるのでしょうか？

太陽系は、太陽に近い場所にある**地球型惑星**と、その外側にある**ガス惑星（木星型惑星）**、**氷惑星（天王星型惑星）**から構成されています。

地球型惑星は、主に鉄やマグネシウムやケイ素や酸素といった重い元素からなる**密度の大きな惑星**です。黄身と白身と殻からなるニワトリの玉子のような構造をしており、黄身にあたるものは**中心核**、白身にあたるものは**マントル**、殻にあたるものは**地殻**と呼ばれています。

中心核は**重い鉄の金属**からなり、その周りにマグネシウムやケイ素や酸素からなるマントル、表層部にはケイ素や酸素に加えてアルミニウムやナトリウムのような元素を主とする厚さの薄い地殻があります。ケイ素と酸素を主体とし、それに鉄、マグネシウム、アルミニウム、ナトリウム、カルシウムなどが加わった物質を**ケイ酸塩**と呼びますが、**マントルや地殻はこうしたケイ酸塩からできています。ケイ酸塩の結晶は造岩鉱物とも呼ばれ、造岩鉱物の集合したものが岩石**です。地球型惑星は、水星も金星も月も火星も、2019年2月22日に探査衛星はやぶさ2がタッチダウンに成功した小惑星「リュウグウ」も、すべてこうした岩石からできています。

地殻の深部やマントルで岩石が融けると、マグマ（融けた岩石）ができます。地表は冷たいので、噴出したマグマは急冷して固化し、細かい結晶とガラスからなる**火山岩《かざんがん》**となります。溶岩や火山灰の固まった**凝灰岩《ぎょうかいがん》**は火山岩の一種です。ゆっくりと冷やされると、粗い粒の結晶からなる**深成岩《しんせいがん》**ができます。**花崗岩《かこうがん》**は深成岩の代表的なものです。

マグマからできたこれらの岩石を**火成岩《かせいがん》**と呼びます。地球創世期に地球は全面的に融けてマグマオーシャン（マグマの海）となり、その後、表面から冷え固まっていったため、**地球の表層部に最初にできた岩石は火成岩**ということになります。

岩石からなるマントルや地殻などの岩石圏の外側には、主に液体の水からなる水圏と、チッ素や酸素などの気体からなる大気圏があります。水圏や大気圏は、太陽エネルギーの熱を受けて対流を行います。蒸発し地表から上昇した水は雲となり、雲からは雨水が地表に降下します。岩石の地表に降下した水は集まって流水となり、やがて河川となって海にそそぎます。地表に降下した水は岩石をつくる造岩鉱物と化学反応を起こし、**粘土鉱物**と呼ばれる細粒の鉱物が生成されます。これを**化学的風化作用**といいます。

粘土鉱物は流水に運ばれ、やがて湖や海洋に到達すると、そこに堆積して泥となります。泥の固まったものが**泥岩《でいがん》**です。こうした堆積作用でできた岩石のことを**堆積岩《たいせきがん》**と呼びます。

太陽熱によって暖められて膨張したり、夜間に冷やされて収縮したりすることを繰り返すことで、岩石を構成する鉱物はばらばらになり、細かい粒子となります。これを**機械的風化作用**といいます。

ばらばらになった粒子は流水によって運ばれ、やがて湖や海の底に堆積し**砂**（**砂岩《さがん》**）となり、砂は風によっても運ばれ、乾燥地域では砂漠をつくります。こうした砂が固まったのが砂岩です。流水や風で砂粒よりももっと大きな岩塊が運ばれて溜まり固まると**礫岩《れきがん》**になります。泥岩、砂岩、礫岩のことを、**砕屑《さいせつ》性堆積岩**といいます。

堆積岩には、砕屑性堆積岩以外に、**生物の作用**や**化学的作用**によってできたものもあります。炭酸カルシウムからなるサンゴ礁が固まると**石灰《せっかい》岩《がん》**、深海底に堆積したケイ酸の殻を持つプランクトンである放散虫の死骸が固まったのが**チャート**。これらは**生物性堆積岩**と呼ばれます。

また、砂漠のような乾燥地帯で、湖水や内陸海から水が蒸発すると、岩塩や石膏や石灰岩のような**蒸発岩**《じょうはつがん》ができます。蒸発岩は**化学性堆積岩**とも呼ばれます。

日本列島でよくみられる石灰岩やチャートは、海洋プレート上の火山島のサンゴ礁からなる石灰岩や深海底に堆積したチャートが、プレートと一緒に**沈み込む際にはぎ取られて陸側に付加した**ものです。堆積岩がプレートの沈み込みや衝突などの地殻変動によって地下深部にもたらされると、地球内部の熱と圧力によって新しい鉱物が生成(再結晶という)されて違う岩石になります。これが**変成岩**《へんせいがん》です。

地殻変動の際に、大きなズレの力(偏圧という)が働くと、ぺらぺらと剥がれやすい**結晶片岩**《けっしょうへんがん》となります。結晶が大きく成長して配列し縞状になったものを**片麻岩**《へんまがん》と呼びます。

このように、太陽エネルギーの働きによって岩石圏に水圏・大気圏が作用して堆積岩ができたり、地球内部の熱エネルギーの働きで火成岩や変成岩ができたりして、地球誕生以来、地球上ではいろいろな岩石がつくられてきたわけです。**地球は、太陽エネルギーと地球内部エネルギーを使って現在も操業中の岩石生成工場**(図1)なのです。

図1　岩石が生成されるサイクル

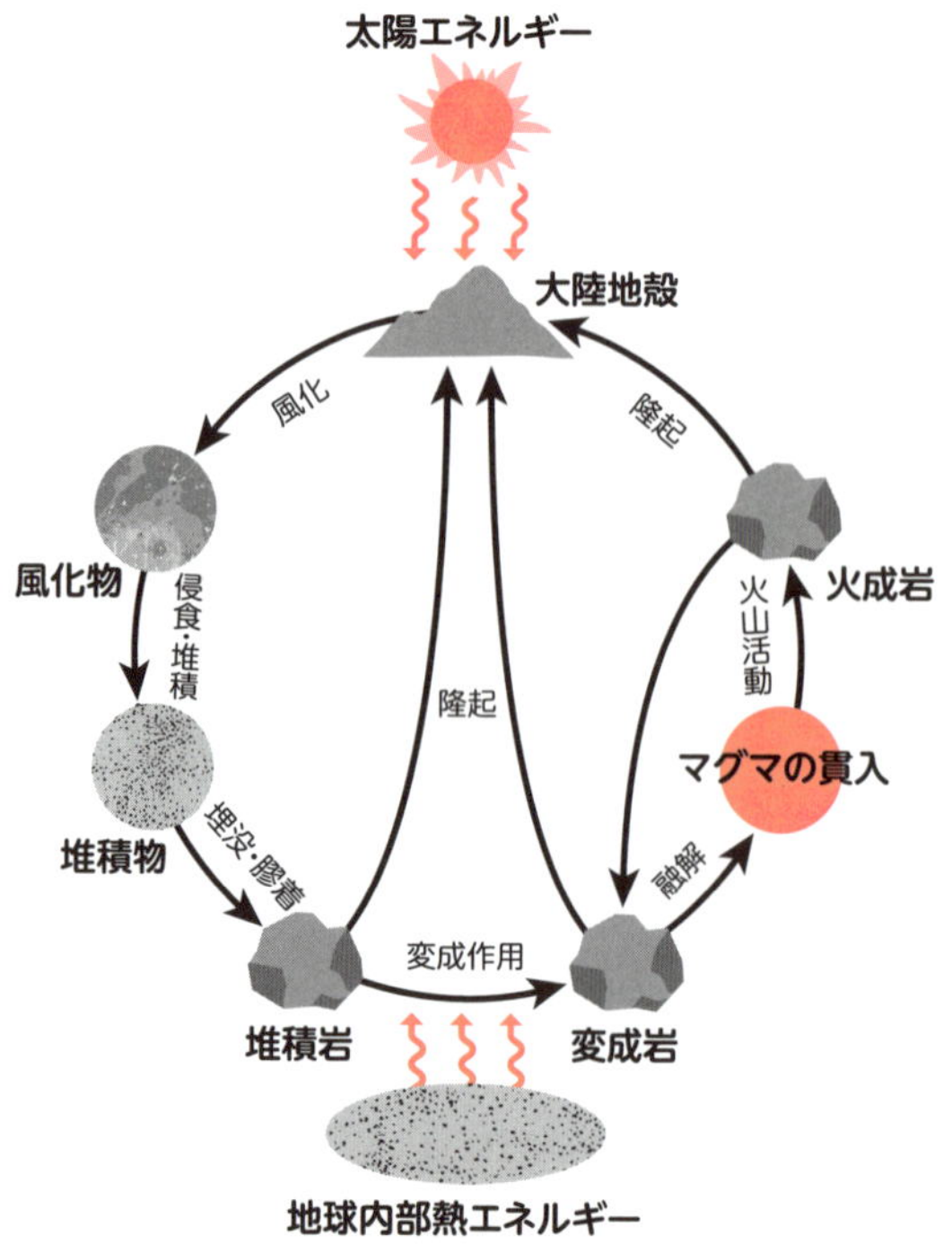

著者紹介

高橋正樹（たかはし　まさき）

1950年生まれ。理学博士。東京大学理学部卒業後、東京大学大学院博士課程修了。茨城大学理学部助教授・教授を経て、日本大学文理学部地球科学科教授。専門は地質学・岩石学。著書に『花崗岩が語る地球の進化』（岩波書店）、『島弧・マグマ・テクトニクス』（東京大学出版会）、『破局噴火』（祥伝社新書）、『火成作用』（共立出版）、『日本の火山図鑑』『火山のしくみーパーフェクトガイド』（誠文堂新光社）などがある。担当項目　PART1／11、PART2／1～11、PART4／2・5・6・12

栗田　敬（くりた　けい）

1951年生まれ。理学博士。東京大学理学部卒業後、東京大学大学院修士課程修了。筑波大学助教授、東京大学理学部・大学院助教授を経て、東京大学地震研究所教授。東京大学名誉教授。専門は地球物理学。著書に『地球のなかをさぐる』（岩崎書店）などがある。担当項目　PART1／2・4～7・9・10・13・14

鵜川元雄（うかわ　もとお）

1954年生まれ。理学博士。名古屋大学理学部卒業後、名古屋大学大学院修士課程修了。科学技術庁国立防災科学技術研究所（現国立研究法人防災科学技術研究所）を経て、日本大学文理学部地球科学科教授。専門は地球物理学。著書に『地球ダイナミクス』（朝倉書店）などがある。担当項目　PART1／3・8・12

加藤央之（かとう　ひさし）

1954年生まれ。学術博士。北海道大学理学部卒業後、北海道大学大学院博士後期課程修了。財団法人電力中央研究所を経て、日本大学文理学部地球科学科教授。専門は気象学。著書に『日本の気候I・II』（二宮書店）などがある。担当項目　PART3／1～12、コラム

磯崎行雄（いそざき　ゆきお）

1955年生まれ。理学博士。大阪市立大学理学部卒業後、大阪市立大学大学院博士前期課程修了。山口大学理学部助手、東京工業大学理学部・大学院助教授を経て、東京大学大学院総合文化研究科教授。専門は地質学。著書に『生命と地球の歴史』（岩波新書）などがある。担当項目　PART1／1、PART4／1・3・4・7～11

ブックデザイン　室井明浩（studio EYE'S）
編集協力　米田正基（エディテ100）

眠れなくなるほど面白い

図解　地学《ちがく》の話《はなし》

2019年4月１日　第1刷発行
2022年4月10日　第4刷発行

著　者　高橋正樹《たかはしまさき》／栗田《くりた》 敬《けい》／鵜川元雄《うかわもとお》／加藤央之《かとうひさし》／磯崎行雄《いそざきゆきお》
発行者　吉田 芳史
印刷所　図書印刷株式会社
製本所　図書印刷株式会社
発行所　株式会社 日本文芸社
〒135-0001　東京都江東区毛利2-10-18　OCMビル
TEL.03-5638-1660［代表］
URL　https://www.nihonbungeisha.co.jp/

Printed in Japan 112190322-112220401 Ⓝ 04　(300012)
ISBN978-4-537-21678-3
編集担当：坂